鸿蒙入门
HarmonyOS
应用开发

张方兴 / 著

人民邮电出版社

北京

图书在版编目（CIP）数据

鸿蒙入门：HarmonyOS应用开发 / 张方兴著. -- 北京：人民邮电出版社，2023.1
ISBN 978-7-115-59965-0

Ⅰ．①鸿… Ⅱ．①张… Ⅲ．①移动终端－应用程序－程序设计 Ⅳ．①TN929.53

中国版本图书馆CIP数据核字(2022)第162953号

内 容 提 要

鸿蒙 HarmonyOS 是一款自主研发、面向未来物联网技术的操作系统，虽然与 Android 操作系统有着相似之处，但其功能与特色也是值得开发者深入探索的。本书的主要目的是帮助不熟悉此系统的开发者循序渐进地掌握 HarmonyOS 的诸多关键特性，从 HarmonyOS 基础知识、Java UI 框架，到 Ability 开发、HarmonyOS 高级特性开发；从 HarmonyOS 数据管理、HarmonyOS 与媒体、HarmonyOS 与智能设备，到面向实战的仿微信程序开发、仿淘宝程序开发等。在本书的最后，还有整体的项目练习。通过对这本书的学习，读者可以初步掌握 HarmonyOS 应用开发的方法。

◆ 著　　　　张方兴
　责任编辑　赵　轩
　责任印制　陈　犇

◆ 人民邮电出版社出版发行　北京市丰台区成寿寺路11号
　邮编　100164　　电子邮件　315@ptpress.com.cn
　网址　https://www.ptpress.com.cn
　涿州市京南印刷厂印刷

◆ 开本：800×1000　1/16
　印张：14.5　　　　　　　2023年1月第1版
　字数：323千字　　　　　2023年1月河北第1次印刷

定价：59.80元

读者服务热线：(010)81055410　印装质量热线：(010)81055316
反盗版热线：(010)81055315
广告经营许可证：京东市监广登字20170147号

前　言

本书为读者提供了一个明确而清晰的HarmonyOS开发学习路线，帮助读者循序渐进，少走弯路。在学习完本书之后，读者会对HarmonyOS应用程序开发有一个较为整体的认知，通过反复练习后，可以轻松写出新闻资讯、电商等类型的简单应用程序。

在刚接触HarmonyOS时，我们总会将其与Android混为一谈，但是从技术方面角度来看，它们在相似之中又有诸多不同之处。如果不去仔细探索，总会觉着代码看起来都认识，但是抛开书本、文档，自己却无法顺利编写应用程序。因此，我在编写本书时，希望能够带领读者一边思考，一边实战，代码写得多了，自然就可以学以致用了。

本书从最基础的"Hello World"开始，由浅入深地讲解了超过40个小项目的实践方法，每个实战都有相应代码，您在实践前，可以按照本书封底所介绍的方式获取代码。

本书对象

- Android程序员
- JavaScript程序员
- Java程序员
- 希望掌握HarmonyOS应用程序开发的程序员
- 各类院校相关专业的老师和学生

读者交流

如果您在阅读本书时遇到任何技术问题，或者想要获取更多学习资源，以及希望和更多技术高手进行交流，可以加入笔者所创建的QQ群772927717（编程沟通学习交流群）。

特别感谢

感谢各位编辑的辛苦付出，非常感谢诸位对本书出版所做出的贡献与考量。感谢赵轩老师（本书责任编辑）在本书出版过程中的众多帮助。

由于个人水平有限，书中难免还会有错漏之处，小伙伴们如果发现问题或有任何意见，也可以到微信公众号（北漂程序员的吐槽人生）或邮箱（zhang_fangxing@163.com）与我联系。

目 录

第1章 HarmonyOS 概述 ·· 1
1.1 Android 系统概述 ·· 1
1.2 HarmonyOS、Open Harmony 与 HMS 概述 ·· 2
1.3 Harmony 理想的分布式世界 ·· 3
1.4 HarmonyOS 学习前置条件 ·· 4
1.5 HarmonyOS 环境搭建 ·· 4
1.6 HarmonyOS 项目管理与目录介绍 ·· 6
1.7 HarmonyOS 的 Ability 概念 ·· 8
1.8 HarmonyOS 模拟器运行 ·· 9
1.9 【实战】HarmonyOS 第一个应用开发 ·· 12
1.9.1 实战目标 ·· 12
1.9.2 通过 XML 显式编写第一个页面 ·· 12
1.9.3 通过 Java 代码调用第一个页面 ·· 15
1.9.4 通过 Java 代码编写第二个页面 ·· 16
1.9.5 在第一个页面的按钮上添加监听器 ·· 17
1.9.6 展示效果 ·· 18
1.9.7 项目结构 ·· 19
1.10 HarmonyOS 调试 ·· 19
1.10.1 HiLog 日志输出 ·· 19
1.10.2 Debug ·· 20
1.11 课后习题 ·· 21

第2章 Page Ability 开发 ·· 22
2.1 组件与布局 ·· 24
2.2 Page 的生命周期 ·· 24
2.3 AbilitySlice 生命周期 ·· 26
2.4 Page 与 AbilitySlice 生命周期关联 ·· 27
2.5 【实战】AbilitySlice 参数的传递与回调 ·· 27
2.5.1 实战目标 ·· 27
2.5.2 通过 XML 显式编写页面 ·· 28
2.5.3 通过 AbilitySlice 管理第一个页面 ·· 29

2.5.4	通过AbilitySlice管理第二个页面	31
2.5.5	展示效果	32
2.5.6	项目结构	33

2.6 【实战】Intent根据Ability全称启动应用页面 …… 34

2.6.1	实战目标	34
2.6.2	通过XML显式编写页面	34
2.6.3	编写Ability容器	35
2.6.4	编写跳转代码	36
2.6.5	展示效果	37
2.6.6	项目结构	38

2.7 课后习题 …… 39

第3章 Service Ability开发 …… 40

3.1 Service的生命周期 …… 40

3.2 【实战】启动和停止后台Service …… 41

3.2.1	实战目标	41
3.2.2	通过XML显式编写页面	42
3.2.3	编写Service	43
3.2.4	编写主页面AbilitySlice的跳转功能	45
3.2.5	展示效果	46
3.2.6	项目结构	47

3.3 前台Service …… 48

3.4 【实战】启动和停止前台Service …… 48

3.4.1	实战目标	48
3.4.2	修改MyServiceAbility	48
3.4.3	修改Service类型	50
3.4.4	展示效果	51
3.4.5	项目结构	52

3.5 课后习题 …… 53

第4章 Data Ability开发 …… 54

4.1 Data概念 …… 54

4.2 创建Data …… 54

4.3 数据库存储 …… 55

4.4 编写数据库操作方法 …… 56

4.5 注册Data …… 56

4.6 【实战】通过 Data 实现增加与查询 ···································· 57
　　4.6.1　实战目标 ··· 57
　　4.6.2　通过 XML 显式编写页面 ··· 57
　　4.6.3　通过 Gradle 配置文件引入相关 JAR 包 ······························ 58
　　4.6.4　编写实体类 ··· 60
　　4.6.5　创建 MyDataAbility ·· 61
　　4.6.6　编写 MainAbilitySlice ·· 69
　　4.6.7　展示效果 ·· 72
　　4.6.8　项目结构 ·· 73
4.7 课后习题 ··· 73

第 5 章　Java UI 框架的组件 ··· 74

5.1 Java UI 组件 ·· 74
5.2 Java UI 框架的组件概述 ·· 74
　　5.2.1　Component 和 ComponentContainer ································ 74
　　5.2.2　LayoutConfig ··· 75
　　5.2.3　组件树 ·· 75
　　5.2.4　常见组件 ··· 76
　　5.2.5　组件的公有属性 ·· 77
　　5.2.6　组件的交互与事件 ··· 80
5.3 【实战】体验 Image 放大与缩小 ·· 81
　　5.3.1　实战目标 ··· 81
　　5.3.2　传入图片到项目之中 ·· 81
　　5.3.3　通过 XML 显式编写页面 ··· 82
　　5.3.4　通过 AbilitySlice 管理页面 ··· 83
　　5.3.5　展示效果 ··· 83
　　5.3.6　项目结构 ··· 84
5.4 【实战】体验使用 TabList 编写仿微信页面 ································ 85
　　5.4.1　实战目标 ··· 85
　　5.4.2　通过 XML 显式编写页面 ··· 85
　　5.4.3　通过 AbilitySlice 管理页面 ··· 86
　　5.4.4　展示效果 ··· 87
　　5.4.5　项目结构 ··· 88
5.5 常见组件的实战 ··· 89
　　5.5.1　【实战】体验 PageSlider 组件 ··· 89
　　5.5.2　【实战】体验 ScrollView 组件 ··· 93
　　5.5.3　【实战】体验 CommonDialog 组件 ··································· 96

5.5.4 【实战】体验PopupDialog组件 ……………………………………… 97
5.5.5 【实战】体验ToastDialog组件 ……………………………………… 99
5.5.6 【实战】体验ProgressBar组件 ……………………………………… 101
5.5.7 【实战】体验Checkbox组件 ………………………………………… 103
5.6 课后习题 ……………………………………………………………………… 105

第6章 Java UI的布局 …………………………………………………………… 106

6.1 Java UI框架的常用布局 …………………………………………………… 106
    6.1.1 DirectionalLayout定向布局 ………………………………………… 106
    6.1.2 DependentLayout依赖布局 ………………………………………… 114
    6.1.3 StackLayout堆叠布局 ……………………………………………… 119
    6.1.4 TableLayout表格布局 ……………………………………………… 122
    6.1.5 PositionLayout位置布局 …………………………………………… 131
    6.1.6 AdaptiveBoxLayout自适应布局 …………………………………… 135
6.2 Java UI框架的自定义组件与自定义布局 ………………………………… 141
    6.2.1 自定义组件 …………………………………………………………… 141
    6.2.2 自定义布局 …………………………………………………………… 142
6.3 【实战】HarmonyOS提交表单综合练习 …………………………………… 143
    6.3.1 实战目标 ……………………………………………………………… 143
    6.3.2 编写页面 ……………………………………………………………… 143
    6.3.3 编写实体类 …………………………………………………………… 148
    6.3.4 编写MainAbilitySlice ………………………………………………… 149
    6.3.5 展示效果 ……………………………………………………………… 150
    6.3.6 项目结构 ……………………………………………………………… 151
6.4 课后习题 ……………………………………………………………………… 151

第7章 ArkUI框架的组件 ………………………………………………………… 152

7.1 ArkUI框架概述 ……………………………………………………………… 152
    7.1.1 ArkUI框架的目录结构 ……………………………………………… 152
    7.1.2 创建项目 ……………………………………………………………… 153
    7.1.3 ArkUI框架的引用规则 ……………………………………………… 155
    7.1.4 ArkUI框架的config.json配置文件 ………………………………… 155
7.2 【实战】ArkUI框架的第一个应用开发 …………………………………… 156
    7.2.1 实战目标 ……………………………………………………………… 156
    7.2.2 通过HML显式编写第一个页面 …………………………………… 157
    7.2.3 通过CSS编写第一个页面的样式 ………………………………… 157
    7.2.4 编写第一个页面的JavaScript脚本 ………………………………… 159

7.2.5 使用 HML 显式编写第二个页面、样式、脚本 ·· 160
7.2.6 展示效果 ··· 161
7.2.7 项目结构 ··· 161
7.3 ArkUI 框架组件 ··· 162
7.3.1 ArkUI 框架组件的分类 ··· 162
7.3.2 ArkUI 框架组件的公有属性 ··· 163
7.3.3 ArkUI 框架组件的渲染属性 ··· 164
7.3.4 ArkUI 框架组件的公有样式 ··· 171
7.3.5 ArkUI 框架组件的公有事件 ··· 177
7.3.6 ArkUI 框架获取组件的方式 ··· 181
7.3.7 ArkUI 框架组件的公有方法 ··· 181
7.4 常见组件的实战体验 ··· 182
7.4.1 【实战】体验 text 组件 ··· 182
7.4.2 【实战】体验 input 组件 ··· 183
7.4.3 【实战】体验 button 组件 ··· 184
7.4.4 【实战】体验 list 组件 ··· 185
7.4.5 【实战】体验 picker 组件 ··· 186
7.4.6 【实战】体验 dialog 组件 ··· 187
7.4.7 【实战】体验 stepper 组件 ··· 189
7.4.8 【实战】体验 tabs 组件 ··· 191
7.4.9 【实战】体验 image 组件 ··· 192
7.5 课后习题 ··· 193

第 8 章 ArkUI 框架的布局 ·· 194

8.1 ArkUI 框架的常用布局 ··· 194
8.1.1 div 基础容器 ··· 194
8.1.2 list 列表容器 ··· 200
8.1.3 【实战】体验 stack 堆叠容器 ··· 207
8.1.4 tabs 页签容器 ·· 208
8.1.5 swiper 滑动容器 ··· 210
8.2 【实战】使用 ArkUI 框架进行仿微信页面练习 ··· 215
8.2.1 实战目标 ··· 215
8.2.2 使用 HML 显式编写页面 ··· 215
8.2.3 使用 CSS 编写页面样式 ··· 216
8.2.4 使用 JavaScript 编写页面脚本 ·· 217
8.2.5 改写资源文件 ··· 218
8.2.6 展示效果 ··· 218

8.2.7　项目结构 …………………………………………………………… 218
8.3　ArkUI 框架的生命周期 ………………………………………………… 219
　　8.3.1　页面的生命周期 …………………………………………………… 219
　　8.3.2　应用的生命周期 …………………………………………………… 220
8.4　【实战】体验 ArkUI 框架的跨 JavaScript 调用 ……………………… 221
8.5　课后习题 ………………………………………………………………… 222

第 1 章　HarmonyOS 概述

1.1　Android 系统概述

2007年11月5日，Google公司正式向外界展示了名为Android的操作系统，并在当天宣布成立OHA（Open Handset Alliance，开放手机联盟）。

Google公司将Android系统的基础功能开源，并称之为AOSP（Android Open Source Project，Android开放源代码项目）。这是一个迷你版的Android系统，普通用户可以根据AOSP的代码编译出Android系统。普通用户与厂商可对AOSP的代码进行独立更改，编译成自己的Android系统，并进行闭源；也可向AOSP贡献相应代码，助其优化版本。

在诺基亚公司的塞班系统"横行"市场之时，Android系统开始蓬勃发展，市场占有率一路提升至80%，彼时的iOS系统、塞班系统、Windows Phone系统、黑莓系统完全没有任何抗衡能力，这其中大部分的"能量"基于Android系统的AOSP。

但是在此之后，Google公司开始出现两极分化的问题，即Android系统在市场上的成功，并非完全是Google公司的功劳，Google公司也无法完全掌控Android系统。毕竟对于Google公司来说，所有友商推出的Android系统都会影响Android市场占有率。所以Google公司不断精进自己的GMS（Google Mobile Service，谷歌移动服务），GMS是Google公司开发并推动Android的动力与基础。

GMS提供包括移动支付、搜索、语音搜索、联系人同步、日历同步、邮件、地图、街景、应用内购、账号同步、广告接口等一系列服务，以及应用商店（Google Play）。除此之外，GMS还提供一系列的底层接口和库文件，这样第三方应用程序就可以调用这些库文件和接口，以实现简化App（小程序）开发的目的。当然这也让大量依赖于GMS的App在失去了GMS的"光环"之后，就无法正常运行了。所以对于海外用户而言，GMS是手机生态中的必需品，若无GMS，那么外卖、打车、导航、聊天工具、移动支付等的相关软件可能无法正常运行，手机可能将处于一种半瘫痪的状态。

Google公司通过GMS统一应用渠道的出入口，达到协调Android系统与应用程序的目的。依据GMS的内嵌程度，Google公司对Android手机给予不同程度的授权，并把搭载Android系统的手机厂商大致分为3个大类别。

（1）免费使用Android系统，但完全不内嵌GMS。

（2）内嵌部分GMS，但手机不能使用Google公司的商标，手机内部可能有友商自主设计的服务框架。

（3）内嵌所有GMS，经过Google公司的审核后，得到Google公司的授权，可使用Google公司的商标。

然而国内大部分用户其实用不了GMS，因为国内无法连接Google公司的服务器，同时国内大多不允许使用VPN（Virtual Private Network，虚拟专用网络）进行连接。同时国内也衍生了大量不同的负责提供移动支付、搜索、语音搜索、软件商店、短信提醒、消息推送、账号验证的公司，这些公司提供了大量的API（Application Program Interface，应用程序接口）让第三方App使用。

对于手机厂商而言，如果希望Android手机内置GMS，那么必须通过Google公司的兼容性认证。手机厂商认证GMS的过程中，需要缴纳相应费用才能够得到Google公司的授权，得到授权之后才可以将GMS预装进手机之中。Android设备可以免费使用AOSP，但是安装GMS必须得到Google公司的认证。

当然，Google公司的认证并不是交钱就能通过的。Google公司对于软件获取用户隐私（包括联系人电话、短信、图片、存储空间）、是否调用了过多无用接口、是否浪费了过多流量、是否未经用户同意或诱导用户使用短信直接进行支付等相关内容都进行了相应测试。

1.2 HarmonyOS、Open Harmony 与 HMS 概述

HarmonyOS的定位以及概述在HarmonyOS Developer官网中有详细讲解，在此不做赘述。

HarmonyOS开源的基础内容被称为Open Harmony，也就是说Open Harmony对标的是AOSP。本书将使用Harmony统称HarmonyOS与Open Harmony。

HMS（Huawei Mobile Service，华为移动服务）对标的是GMS，其职责并无二致，HMS是华为公司为解除Google公司的限制所开发的项目。GMS有Google Play应用商店，而HMS有AppGallery应用商店。

对于学习Harmony开发的程序员来讲，Harmony开发分为两个方向，分别是应用开发方向以及设备开发方向，就像Android系统在市场上会有工业Android与框架Android两种分支。工业Android通常指工厂里的一些设备使用的Android系统，例如身份证识别手持端、门铃对讲系统、ATM（Automated Teller Machine，自动取款机）、嵌入式系统、电视机顶盒等。

学习工业与嵌入式开发的程序员为设备开发者，需要学习Open Harmony的内核系统文件，包括VFS、NFS、RAMFS、FAT、JFFS2、驱动、移植与相关标准等内容。值得一提的是2021年发布的Open Harmony2.0支持手机设备，支持手机设备之前Open Harmony只支持对嵌入式的一些开发板进行烧写与

使用。目前支持Open Harmony烧写的开发板日益增多，例如Neptune、HiSpark系列等。这部分应用场景体现在智能家居物联网终端、智能穿戴设备、智慧大屏、汽车智能座舱、智能音响等常见物联网项目上。

仅以Harmony 2.0而言，无论是嵌入式方面还是应用程序方面，从本质上讲Harmony系统能做的事情Android都能做。但Harmony系统设计了许多诸如分布式存储、AI（Artificial Intelligence，人工智能）识别公有文字、分布式数据库、跨设备支持等新颖的内容。这些内容在任何其他操作系统上，都没有像Harmony一样把各种接口、路由、协议内容梳理好，Harmony让程序员只需要关注业务的实现而不用关心底层逻辑，可大大减少应用程序设计上的复杂度、难度和损耗时间。

到目前为止，Harmony系统的分布式思想与实现是当前市场上较为超前的内容。这个系统的目标是让万物实现真正的互联，兼容自动化驾驶、工业自动化、路由器、可穿戴设备、智能手机、亿级数据中心等设备。

1.3 Harmony理想的分布式世界

Harmony 2.0发布会多次提到Harmony是分布式系统，但是很多人仍然没有理解Harmony理想的分布式世界。

在Harmony开发者教程中，含有分布式地图导航、分布式输入法、分布式游戏手柄、分布式邮件编辑、分布式语音照相机、分布式调度启动远程FA（Feature Ability）、跨设备视频播放、分布式新闻客户端、分布式亲子早教系统共9个分布式项目教程。

从Harmony的这几个分布式项目教程中来看，Harmony的分布式与传统Java编程所构建的分布式服务、分布式微服务等后台应用的架构略有不同。

拿笔者曾经编写的《微服务分布式架构基础与实战——基于Spring Boot+Spring Cloud》举例可以看出，分布式微服务架构是指将众多独立运行的Spring Boot项目在注册中心Eureka、ZooKeeper或Consul中进行注册，注册后注册中心会有其他相应服务的地址，另外的Spring Boot微服务项目可以通过注册中心的地址获取到一些服务与资源。例如购物车服务可以通过账号管理服务中心获取用户的账号、密码及头像等相关信息。

而Harmony的分布式，类似这种分布式服务、分布式微服务的架构。例如开发者教程中的分布式游戏手柄项目，该项目将手机屏幕变成手柄的上、下、左、右、A、B键，用户可以通过手机控制电视里游戏角色的动作。当然根据官方描述，Harmony的分布式必须基于同一个网络并且要求设备使用同一个华为账号登录。简而言之，就是电视中的Harmony系统要与手机Harmony系统同时连接在同一个Wi-Fi中，手机作为注册中心，通过Wi-Fi集成范围内所有Harmony设备，并且底层会记录这些设备的地址，方便用户下次直接连接使用。

在过去出现过不少像这种分布式游戏手柄的项目，例如用小米手机控制室内的灯光亮度，用手机控制空调温度的高低。甚至还出现了模块化的智能家居构建，例如对于非智能家居，可以只买灯的智能开关，就可以通过手机间接控制灯的开启和关闭。这样只需要购买一个家居模块即可，而不需要必须有小爱音箱、天猫精灵这种智能家居的中心。

Harmony理想中的世界应该是，在智能家居场景下，通过手机可以控制家中的一切智能设备，甚至在下班回家之前就可以放好洗澡水，并且煮好米饭。

在游戏场景下，Harmony的用户在室内可以通过手机玩电视上的游戏，不需要额外购买手柄，当然这部分游戏暂时只能是基于Harmony和Android编写出来的游戏，暂时无法涉及PC游戏和主机游戏。游戏编程与之前并无不同，例如使用Cocos、Unity、Godot或Unreal等引擎编写的游戏打包成APK（Android Application Package，Android安装包），可以放到Harmony里兼容运行。

在亲子教育场景下，只要在同一个Wi-Fi下，家长可以隔着房间给孩子的错题进行标注，随时看到孩子正在写的题和练习题的作答步骤。

在轻办公场景下，如果手机中的截图需要用平板计算机进行发送，操作会十分复杂，Harmony具有分布式邮件发送的功能，可以同时调用不同设备中的文档或素材，进行跨设备操作，发送数据。

Harmony理想中的世界，是真正意义上万物互联的世界。以前因手机厂商、软件开发商、硬件制造商、用户等多方面协调的原因，万物互联的课题仍然处于萌芽状态。Harmony直接将最复杂的协议、通信、注册、协调等内容集成为接口，日后软件制造商可以更轻易地编写万物互联的软件。在HMS制定好的规则之下，各方面人员与其所在的公司都节省了大量的成本，这就是Harmony理想中的分布式世界。

1.4 HarmonyOS学习前置条件

学习HarmonyOS之前需要先熟悉Java语言与JavaScript语言，最好了解Android基础知识。HarmonyOS示例代码项目的主要编程语言是Java语言与JavaScript语言。示例代码项目在HarmonyOS Developer官网有详细讲解，在此不做赘述。

应用开发的编辑工具为DevEco Studio，它支持Windows和macOS，要求内存为8GB以上、硬盘容量为100GB以上。

设备开发的编辑工具为DevEco Device Tool，支持Windows和Linux，支持图形化操作和命令行操作两种操作方式，支持海思Hi3516、Hi3518、Hi3861等系列开发板。

1.5 HarmonyOS环境搭建

首先需要通过HarmonyOS Developer官网下载HarmonyOS的开发工具DevEco Studio，其官方网站的环境搭建说明文档十分详细，在此不赘述。

DevEco Studio的安装十分简单，只需要解压缩下载好的压缩包并运行安装程序，之后按步骤安装即可，安装过程中会自动安装OpenJDK、Node.js、LLVM、Gradle。

OpenJDK作为使用GPL（General Public License，公有公开许可证）的Java平台的实现工具包，为开源版本的JDK（Java Development Kit，Java开发工具包）。

Node.js是基于Chrome V8引擎的JavaScript运行环境，其开源与跨平台的特性，使Node.js在编程业内十分受欢迎。

LLVM和大家所熟知的JVM（Java Virtual Machine，Java虚拟机）不同，该虚拟系统提供了一套中间代码和编译基础设施，并围绕这些中间代码和编译基础设施提供了一套全新的编译策略，优化了编译、连接、运行环境和执行过程等。

Gradle是一款基于Apache Ant和Apache Maven的项目自动化构建开源工具，是一款公有灵活的构建工具，支持Maven、Ivy仓库，支持传递性依赖管理。

DevEco Studio自身基于IntelliJ Platform开源版本进行封装编写，可以理解为它是基于IntelliJ IDEA的社区版进行封装编写出的IDE（Integrated Development Environment，集成开发环境），其快捷键、使用习惯与IntelliJ IDEA无不同。

打开DevEco Studio编辑器，选择File→New→New Project菜单命令，如图1-1所示。

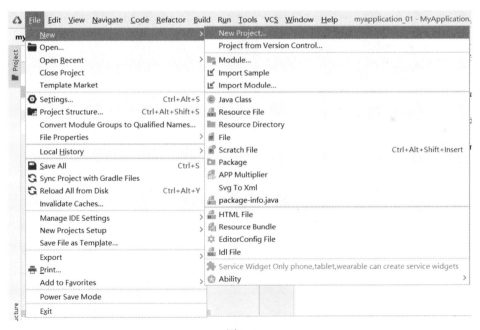

图1-1

选择New Project菜单命令之后的界面如图1-2所示，选择Empty Ability模板。

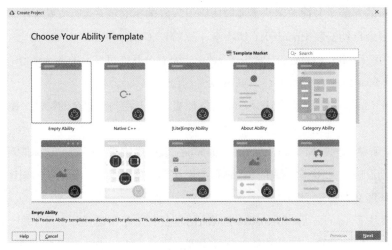

图1-2

单击Next按钮后，进入配置项目，即可配置该项目的基本参数，其中Language选择Java，如图1-3所示，配置完成后，单击Finish按钮即可进入编写程序的阶段了。

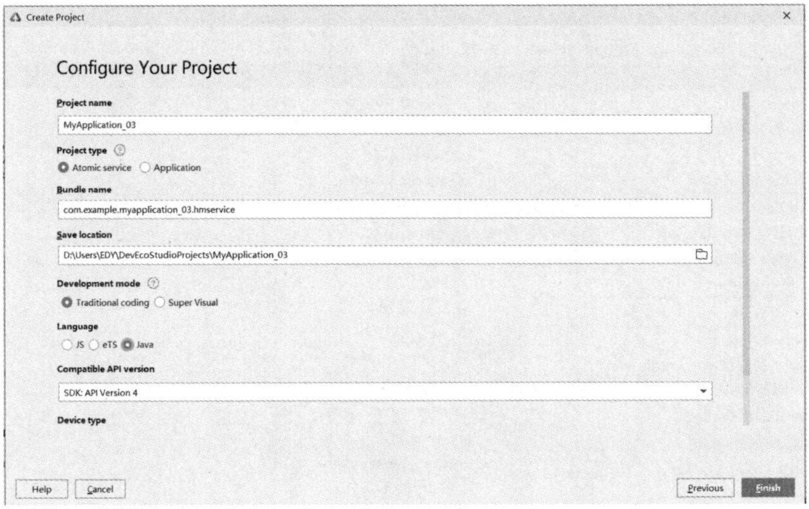

图1-3

1.6　HarmonyOS项目管理与目录介绍

初次创建HarmonyOS Developer项目后，需要等待DevEco Studio下载相关依赖并初始化相关参数等，之后项目目录如图1-4所示。

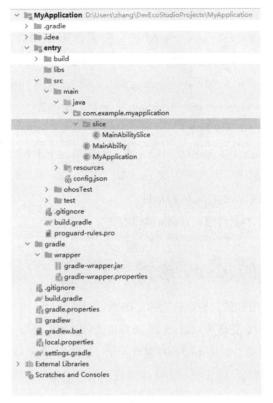

图1-4

HarmonyOS的应用程序（以下简称"应用"）包以App Pack（Application Package）形式发布，它由一个或多个鸿蒙软件安装包（HAP）以及描述每个HAP属性的pack.info组成。HAP是Ability的部署包，HarmonyOS应用代码围绕Ability组件展开。一个HAP是由代码、资源、第三方库及应用配置文件组成的。从图1-4中可以看到项目的文件和目录，部分的释义如下。

- entry：启动模块（主模块），开发者用于编写源代码文件以及开发资源文件的目录。
- entry→.gitignore：用于标识git版本管理需要忽略的文件。
- entry→build.gradle：entry模块的编译配置文件。
- entry→src→main→Java：用于存放Java源代码。
- entry→src→main→resources：用于存放资源文件（字符串、图片、音频等）。
- entry→src→main→config.json：HAP清单文件。
- entry→src→test：存放测试文件的目录。
- entry→src→main→resources→base→element：包括字符串、整数、颜色、样式等资源的JSON文件。每个资源文件均以JSON格式进行保存（如boolean.json—布尔型、color.json—颜色、float.json—浮点型、intarray.json—整型数组、integer.json—整型、pattern.json—样式、plural.json—复数、

strarray.json—字符串数组、string.json—字符串）。

- entry→src→main→resources→base→graphic：用于存放XML类型的可绘制资源，如SVG（Scalable Vector Graphics，可缩放矢量图形）文件、Shape基本的几何图形（如矩形、圆形、线等）。
- entry→src→main→resources→base→layout：用于存放XML类型的布局资源。
- entry→src→main→resources→base→media：用于存放媒体文件，如图形、视频、音频等文件（如.png、.gif、.mp3、.mp4等文件）。
- build.gradle：Gradle配置文件，由系统自动生成，一般情况下不需要进行修改。
- entry→libs：应用依赖的第三方代码（如.so、.jar、.bin、.har等二进制文件）。
- local.properties：用于存放本地插件依赖地址。
- entry→build.gradle：该HAP目前的gradle编译配置文件。

1.7 HarmonyOS的Ability概念

Ability是应用所具备能力的抽象，也是应用程序的重要组成部分。一个应用可以具备多种能力，即可以包含多个Ability，HarmonyOS支持应用以Ability为单位进行部署。Ability主要分为FA（Feature Ability）和PA（Particle Ability）两种类型，每种类型为开发者提供了不同的模板，以便实现不同的业务功能。

FA支持Page模板：Page模板是FA唯一支持的模板，用于提供与用户交互的能力。一个Page实例可以包含一组相关页面，每个页面用一个AbilitySlice实例表示。

PA支持Service模板和Data模板：Service模板用于提供后台运行任务的能力，Data模板用于对外部提供统一的数据访问抽象。

HarmonyOS的Ability与Android的Activity类似，在实际应用能力与相应生命周期等概念上无太大区别，都是用来与用户进行交互的应用组件。在Android中，一个应用程序由多个相对松散的Activity组成，一般会指定应用中的某个Activity为主活动，也就是首次启动应用时给用户呈现的Activity。Android应用的主活动需要在清单AndroidManifest.xml中声明，AndroidManifest.xml部分代码如下。

```
<activity
    android:name=".MainActivity"
    android:label="@string/title_activity_main" >
    <intent-filter>
        <action android:name="android.intent.action.MAIN" />
        <category android:name="android.intent.category.LAUNCHER"/>
    </intent-filter>
</activity>
```

而HarmonyOS应用中的entry→src→main→config.json文件的内容主要分为"app""deviceConfig""module"3个部分，其中module中的mainAbility参数用于设置HAP的入口Ability，它既可作为整体

HAP 的入口，也可视作本示例中第一个页面的位置。

HarmonyOS 应用初始化时 module 中的 mainAbility 参数如下，以此来指定 HarmonyOS 应用的第一个展示页面（或动作）。

```
"mainAbility": "com.example.myapplication.MainAbility"
```

上述 Java 代码指定了 HarmonyOS 应用程序的第一个入口页面，其部分代码如下。

```java
public class MainAbility extends Ability {
    @Override
    public void onStart(Intent intent) {
        super.onStart(intent);
        super.setMainRoute(MainAbilitySlice.class.getName());
    }
}
```

Android 应用程序的类似功能的 Java 部分代码如下。

```java
public class MainActivity extends AppCompatActivity {
    @Override
    protected void onCreate(Bundle savedInstanceState) {
        super.onCreate(savedInstanceState);
        setContentView(R.layout.activity_main);
    }
}
```

它们的作用都是初始化应用的第一个页面。HarmonyOS 使用 Java UI（User Interface，用户界面）框架进行页面编写，主要有两种编写页面的方式，分别是通过 XML 显式声明 UI 布局，以及在代码中创建布局。这两种方式创建出的布局没有本质差别。

在通过 XML 显式声明 UI 布局之时，可以使用类似 Android Studio 的图形化编辑方式，在不直接编写代码的情况下编辑页面。

在 MainAbility 代码中的 Ability 归属于 Page，Page 就是页面的实例，Page 可以包含一组（至少需要包含一个）具体的页面；setMainRoute() 的作用是设置路由，MainAbilitySlice 为具体的页面。

1.8　HarmonyOS 模拟器运行

创建 HarmonyOS 项目之后，项目中自带一个初始化的"你好，世界"页面，通过 HarmonyOS 模拟器可直接运行。

选择菜单Tools→Device Manager命令，如图1-5所示。

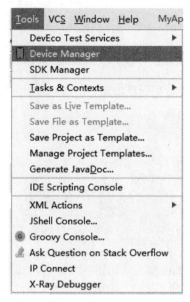

图1-5

启动管理器后需要选择启动哪种模拟器，并且需要登录华为账号，如图1-6所示。

图1-6

登录之后可选择模拟器模拟的手机型号，如图1-7所示。

Device	Resolution	API	CPU/ABI	Status	Actions
P40	1080*2340	5	arm	ready	▶
Mate 30	1080*2340	6	arm	ready	▶

图1-7

单击Actions下的启动按钮即可启动HarmonyOS模拟器，模拟器效果如图1-8所示。

图1-8

单击右上角的Run 'entry'按钮，如图1-9所示，即可在HarmonyOS模拟器上运行HarmonyOS应用，运行效果如图1-10所示。

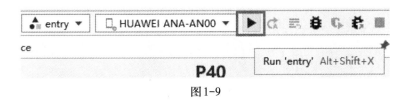

图1-9

图1-10

如果因为HarmonyOS版本变动,导致初始化项目后没有提供"你好,世界"页面也无所谓,1.9节将正式编写HarmonyOS的第一个应用。

1.9 【实战】HarmonyOS第一个应用开发

1.9.1 实战目标

(1)初步熟悉使用XML显式声明UI布局。
(2)初步熟悉使用Java代码编写页面布局。
(3)初步熟悉页面跳转。
(4)初步熟悉按钮组件。

本节的实战将分别通过XML显式声明UI布局与Java代码编写布局这两种方式编写两个简单的页面,并通过单击按钮跳转到代码创建的页面。

1.9.2 通过XML显式编写第一个页面

在entry→src→main→resources→base→graphic文件夹下创建文件并命名为background_button.xml,

以创建Button的样式，代码如下。

```xml
<?xml version="1.0" encoding="utf-8"?>
<shape xmlns:ohos="http://schemas.huawei.com/res/ohos" ohos:shape="rectangle">
    <corners ohos:radius="100"/><!-- 圆角 -->
    <solid ohos:color="#007DFF"/><!-- 颜色 -->
</shape>
```

在entry→src→main→resource→base→layout文件夹下创建文件，并将其命名为main_layout.xml，通常布局类型包括单一方向布局、相对位置布局、精确位置布局，本实战采用相对位置布局DependentLayout，main_layout.xml声明代码如下。

```xml
<?xml version="1.0" encoding="utf-8"?>
<DependentLayout
    xmlns:ohos="http://schemas.huawei.com/res/ohos"
    ohos:height="match_parent"
    ohos:width="match_parent"
    ohos:background_element="#000000">

    <Text
        ohos:id="$+id:test"
        ohos:width="match_content"
        ohos:height="match_content"
        ohos:center_in_parent="true"
        ohos:text="你好！张方兴！  "
        ohos:text_color="white"
        ohos:text_size="40vp"/>

    <Button
        ohos:id="$+id:button"
        ohos:width="match_content"
        ohos:height="match_content"
        ohos:text="跳转下一页面"
        ohos:text_size="19fp"
        ohos:text_color="#FFFFFF"
        ohos:top_padding="8vp"
        ohos:bottom_padding="8vp"
        ohos:right_padding="70vp"
        ohos:left_padding="70vp"
        ohos:center_in_parent="true"
```

```
            ohos:below="$id:test"
            ohos:margin="10vp"
            ohos:background_element="$graphic:background_button"/>
</DependentLayout>
```

此声明代码中部分内容的释义如下。

- DependentLayout：相对位置布局。
- xmlns：配置 XML 文件的 schma 定义。
- ohos：HarmonyOS 配置头。
- match_parent：所在布局或组件采用父类容器的高度，如果在 XML 文件最外层的布局中采用该配置，则会采用屏幕的高度。
- ohos:id：该组件的 id，设置后会将该组件自动注册到 ResourceTable 之中，可在 Java 代码中调用该组件。
- ohos:height：配置高度。
- ohos:width：配置宽度。
- vp：虚拟像素（Virtual Pixel），HarmonyOS 独有的计量单位，是一台设备针对应用而言所具有的虚拟尺寸（区别于屏幕硬件本身的像素单位）。它提供了一种灵活的方式来适应不同屏幕的显示效果。除 vp 外 Android 中的 dpi（屏幕像素密度）、dp（设备独立像素）、sp（缩放独立像素）也都可以使用。

在编辑声明代码的过程中可通过右侧的 Previewer 工具查看当前编辑的页面样式，如图 1-11 所示。也可以将模拟器切换至横屏进行查看，效果如图 1-12 所示。

图 1-11

图 1-12

1.9.3 通过Java代码调用第一个页面

修改 com.example.myapplication_01.slice.MainAbilitySlice 文件如下。

```java
package com.example.myapplication_01.slice;

import com.example.myapplication_01.ResourceTable;
import ohos.aafwk.ability.AbilitySlice;
import ohos.aafwk.content.Intent;
public class MainAbilitySlice extends AbilitySlice {
    @Override
    public void onStart(Intent intent) {
        super.onStart(intent);
        super.setUIContent(ResourceTable.Layout_main_layout);
    }

    @Override
    public void onActive() {
        super.onActive();
    }

    @Override
    public void onForeground(Intent intent) {
        super.onForeground(intent);
    }
}
```

此文件中通过super.setUIContent()设置初始化页面,由于本实战的布局存放在resources→base→layout文件夹下,所以默认被注册在ResourceTable对象内,只需要直接进行调用即可。另外要注意此处需要引用自己项目的ResourceTable,默认情况下会有本项目的ResourceTable和底层自带的ResourceTable,例如此处引用的是com.example.myapplication_01.ResourceTable。

MainAbilitySlice之所以是初次进入应用时展示的页面,是因为在MainAbility类中进行了定义,com.example.myapplication_01.MainAbility 代码如下。

```java
package com.example.myapplication_01;

import com.example.myapplication_01.slice.MainAbilitySlice;
import ohos.aafwk.ability.Ability;
import ohos.aafwk.content.Intent;
```

```java
public class MainAbility extends Ability {
    @Override
    public void onStart(Intent intent) {
        super.onStart(intent);
        super.setMainRoute(MainAbilitySlice.class.getName());
    }
}
```

在这段代码中通过setMainRoute()将初始化页面设置为MainAbilitySlice.class，所以MainAbilitySlice是初次进入应用时展示的页面。

MainAbility之所以能够定义初始化页面，是因为它在项目的config.json中进行了定义，config.json在前文有简略描述。

在设置好第一个页面之后，可以通过HarmonyOS模拟器运行应用，得到的效果与图1-11相同。

1.9.4 通过Java代码编写第二个页面

创建新的类com.example.myapplication_01.slice.MyAbilitySlice，用于使用Java代码编写第二个页面，代码如下。

```java
package com.example.myapplication_01.slice;
import ohos.aafwk.ability.AbilitySlice;
import ohos.aafwk.content.Intent;
import ohos.agp.colors.RgbColor;
import ohos.agp.components.DependentLayout;
import ohos.agp.components.Text;
import ohos.agp.components.element.ShapeElement;
import ohos.agp.utils.Color;
import ohos.agp.components.DependentLayout.LayoutConfig;

public class MyAbilitySlice extends AbilitySlice{
    @Override
    public void onStart(Intent intent) {
        super.onStart(intent);

        // 声明布局
        DependentLayout myLayout = new DependentLayout(this);

        // 设置布局宽高
        myLayout.setWidth(LayoutConfig.MATCH_PARENT);
        myLayout.setHeight(LayoutConfig.MATCH_PARENT);
```

```
    // 设置布局背景为白色
    ShapeElement background = new ShapeElement();
    background.setRgbColor(new RgbColor(255, 255, 255));
    myLayout.setBackground(background);

    // 创建一个文本
    Text text = new Text(this);
    text.setText("Hi 第二个页面");
    text.setWidth(LayoutConfig.MATCH_PARENT);
    text.setTextSize(100);
    text.setTextColor(Color.BLACK);

    // 设置文本的布局
    DependentLayout.LayoutConfig textConfig = new DependentLayout.LayoutConfig(LayoutConfig.MATCH_CONTENT, LayoutConfig.MATCH_CONTENT);
    textConfig.addRule(LayoutConfig.CENTER_IN_PARENT);
    text.setLayoutConfig(textConfig);
    myLayout.addComponent(text);
    super.setUIContent(myLayout);
    }
}
```

1.9.5 在第一个页面的按钮上添加监听器

虽然第一个页面已经展示出了按钮效果,但是该按钮无法正常使用,因为它还没有添加监听器,修改 com.example.myapplication_01.slice.MainAbilitySlice 的 onStart() 函数如下。

```
package com.example.myapplication_01.slice;

import com.example.myapplication_01.ResourceTable;
import ohos.aafwk.ability.AbilitySlice;
import ohos.aafwk.content.Intent;
import ohos.agp.components.Button;

public class MainAbilitySlice extends AbilitySlice {
    @Override
    public void onStart(Intent intent) {
        super.onStart(intent);
        super.setUIContent(ResourceTable.Layout_main_layout);
        //获取页面上的按钮
```

```
        Button button = (Button) findComponentById(ResourceTable.Id_button);
        //给按钮添加监听器,单击按钮跳转至第二个页面
        button.setClickedListener(listener -> present(new MyAbilitySlice(), new Intent()));
    }
    @Override
    public void onActive() {
        super.onActive();
    }

    @Override
    public void onForeground(Intent intent) {
        super.onForeground(intent);
    }
}
```

此时便在第一个页面中获取到了按钮,并且为它添加了单击事件的监听器,一旦发生单击事件便会跳转到MyAbilitySlice实例页面之中。

present( )为SDK(Software Development Kit,软件开发工具包)中的内置函数,只需要直接调用即可。如果出现找不到该函数等相关错误,需要查看一下继承的类是否正确,或者SDK是否被正确设置。

如果要编写有参数的跳转功能,只需要把参数放置在Intent对象之中即可,代码如下。

```
...
//有参数跳转
Intent intent1 = new Intent();
intent1.setParam("paramKey", "paramValue");
present(new MyAbilitySlice(), intent1);
...
```

1.9.6 展示效果

启动模拟器,运行应用程序,进入第一个页面,如图1-11所示;单击按钮后进入第二个页面,如图1-13所示。

图1-13

1.9.7 项目结构

最终项目结构如图1-14所示。

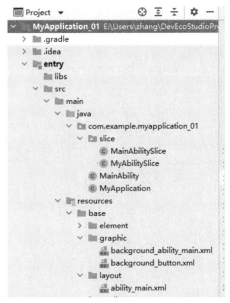

图1-14

1.10 HarmonyOS调试

1.10.1 HiLog日志输出

HarmonyOS提供了单独的代码调试工具HiLog，HiLog是一个类，其输出需要HiLogLabel的支持。HiLog含有debug、info、warn、error、fatal由小到大的5个输出级别。

HiLogLabel是HiLog的一个入参，通常被设置为静态变量。HiLogLabel的构造方法为public HiLogLabel(int type, int domain, String tag)，其释义如下。

- type：用于定义HiLogLabel的类型，如HiLog.debug、HiLog.info、HiLog.warn、HiLog.error、HiLog.fatal、HiLog.LOG_APP。
- domain：用于定义服务域（Service Domain），相似的输出日志使用相似的服务域，取值范围从0x00000到0xFFFFF。前3位通常为子系统名称，后两位通常为模块名称。
- tag：用于定义日志的标签名称。

此时可以更改一下1.9节的com.example.myapplication_01.slice.MainAbilitySlice类，使它可以通过HiLog输出一下相关日志信息。

```java
...
import ohos.hiviewdfx.HiLog;
import ohos.hiviewdfx.HiLogLabel;
...
static final HiLogLabel hiLogLabel = new HiLogLabel(HiLog.LOG_APP, 0x00101,
"MainAbilitySliceLog");

    @Override
    public void onStart(Intent intent) {
        super.onStart(intent);
        //引入XML布局配置文件
        super.setUIContent(ResourceTable.Layout_main_layout);
        HiLog.info(hiLogLabel, "张方兴的日志输出");
        //获取页面上的按钮
        Button button = (Button) findComponentById(ResourceTable.Id_button);
        //给按钮添加监听器，单击按钮跳转至第二个页面
        button.setClickedListener(listener -> present(new MyAbilitySlice(), new Intent()));
    }
...
```

代码修改完成后，重新在模拟器上运行程序，在DevEco Studio的左下角选择打开hilog窗口，即可看到输出的相关日志信息，如图1-15所示。

图1-15

1.10.2 Debug

HarmonyOS的Debug功能与IntelliJ IDEA无太大区别，只要在行数旁单击即可设置断点，如图1-16所示。

设置断点之后，打开模拟器，单击Run 'entry'按钮右侧的Debug 'entry'按钮运行程序即可，如图1-17所示。

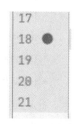

图1-16

图1-17

1.11 课后习题

（1）请简述GMS、AOSP与Android之间的区别。

（2）请简述HMS、Open Harmony与HarmonyOS之间的区别。

（3）请简述Harmony开发的两种方向。

（4）Java代码应该写在哪个目录下？

（5）FA代表什么？

（6）PA代表什么？

（7）setMainRoute()的作用是什么？

（8）在开发Harmony应用时如何进行日志输出？

（9）在开发Harmony应用时如何进行Debug？

第2章　Page Ability 开发

Ability是HarmonyOS应用程序所具有的能力（Ability）的抽象。HarmonyOS应用程序的能力分为两种类型：FA和PA。FA有UI设计，可以与用户进行交互。PA没有UI设计，主要用于提供对FA的支持，例如，作为后台服务提供计算能力或作为一个数据存储库提供数据访问能力。这两种类型的能力通过提供不同的模板来实现不同的功能。目前，HarmonyOS为能力提供了以下类型的模板。

- Page：有显示UI的能力。UI用户呈现AbilitySlice。使用Page Ability（以下简称"Page"）时必须覆盖（Override）onStart()方法、使用 setMainRoute()和以addActionRoute()方法配置路由转向地址。
- Service：在后台运行，没有UI。它用来开发一直在后台运行的服务或连接的能力。当通过分布式服务能力调用其他鸿蒙系统的Service时，返回一个远程对象，可以使用远程对象调用功能提供的服务能力。Service Ability(以下简称"Service"）主要用于后台运行任务（如执行音乐播放、文件下载等），但不提供用户交互界面。Service可由其他应用或Ability启动，即使用户切换到其他应用，Service仍将在后台继续运行。
- Data：用于操作数据，并且它没有UI。它提供对数据的插入、删除、更新、查询和打开文件的方法。使用Data Ability（以下简称"Data"）时必须实现相应方法。

开发一个新的能力，必须在config.json文件中对它进行注册。示例代码如下。

```
{
    "module":{
        ...
        "abilities":[
            {
                ...
                "description": "Main ability of hiworld",
                "name": ".MainAbility",
                "label": "main ability",
                "icon": "main-ability.png",
                "type": "page",
```

```
                    "visible": true,
                    "orientation": "unspecified",
                    "launch-mode": "standard",
                    ...
                }
            ]
            ...
        }
}
```

作为应用程序的基本单位,一个能力最少有以下4个生命周期状态。
- INITIAL:能力已加载到内存,但没有运行。
- INACTIVE:能力已经加载和执行,但不互动。一般来说,它是一个中间状态,在这种状态下,UI可能是可见的,但不能接收输入事件。
- ACTIVE:可见的和支持互动的能力。
- BACKGROUND:能力是无形的。 如果系统内存不足,能力在这种状态下会被摧毁。

注意:所有页面的能力必须实现 onStart(ohos.aafwk.content.Intent)设置自己的UI。重写一个生命周期回调方法,必须首先调用父类对应的回调方法,例如super.onStart()。状态转换是在主线程上执行的。因此,建议在生命周期回调方法内执行短逻辑,以防止阻塞主线程。

以下是所有生命周期回调方法的能力。

```
public class MainAbility extends Ability {
    protected void onStart(Intent intent);

    protected void onActive();

    protected void onInactive();

    protected void onForeground(Intent intent);

    protected void onBackground();

    protected void onStop();
}
```

startAbility(ohos.aafwk.content.Intent)方法用于启动一个新能力,并将该能力放置在堆栈顶部。下面的代码展示了如何启动一个能力。

```
Button button = new Button(this);
```

```
button.setClickedListener(listener -> {
    Operation operation = new Intent.OperationBuilder()
            .withDeviceId("")
            .withBundleName("com.huawei.hiworld")
            .withAbilityName("com.huawei.hiworld.MainAbility")
            .build();

    Intent intent = new Intent();
    intent.setOperation(operation);
    intent.setParam("age", 10);

    startAbility(intent);
});
```

2.1 组件与布局

Page模板是FA唯一支持的模板，用于提供与用户交互的能力。一个Page可以由一个或多个AbilitySlice构成，AbilitySlice是指应用的单个页面及其控制逻辑的总和。

通俗来说，Page的主要功能是构建UI，包括文本、按钮等组件（Component）。一个页面中可能含有许多组件，将这些组件制作成UI时采用的规则即布局（Layout）。

组件：指具有某一特性，如显示、交互或布局的可视化物件，分为显示类组件、交互类组件和布局类组件。所有组件都继承于基类Component。HarmonyOS的组件概念与Android的控件概念类似。

布局：所有布局继承于基类ComponentContainer。HarmonyOS的布局概念与Android的布局概念类似。

在1.9节示例代码中MainAbilitySlice类继承于AbilitySlice类，包含onStart()、onActive()和onForeground()方法，这3个都是生命周期回调方法。

在onStart()方法中，通过setUIContent()方法设置该MainAbilitySlice的UI。setUIContent()方法存在两种重载方法，分别对应使用XML编写的UI与使用Java编写的UI。在性能上讲，使用Java编写页面的速度要快于使用XML编写页面的速度，因为使用XML编写页面还需要将其代码重新进行转化，所以通常推荐使用Java编写页面。

2.2 Page的生命周期

系统管理或用户操作等行为均会引起Page实例在其生命周期的不同状态之间进行转换。Ability类提供的回调机制能够让Page及时感知外界变化，从而正确地应对状态变化（比如释放资源），这有助于提升应用的性能和稳健性。

- onStart()。

当系统首次创建Page实例时,触发该回调方法。对于一个Page实例,该回调方法在其生命周期过程中仅触发一次,Page在执行完该回调方法的逻辑后将进入INACTIVE状态。开发者必须重写该回调方法,并在此回调方法中配置默认展示的AbilitySlice。

```
@Override
public void onStart(Intent intent) {
    super.onStart(intent);
    super.setMainRoute(FooSlice.class.getName());
}
```

- onActive()。

Page会在进入INACTIVE状态后来到前台,然后系统会调用此回调方法。Page在此之后进入ACTIVE状态,该状态是应用与用户交互的状态。Page将保持在此状态,除非发生某类事件导致Page失去焦点,比如用户单击返回键或导航到其他Page。当此类事件发生时,会使Page回到INACTIVE状态,系统将调用onInactive()回调方法。此后,Page可能重新回到ACTIVE状态,系统将再次调用onActive()回调方法。因此,开发者通常需要成对实现onActive()和onInactive(),并在onActive()中获取在onInactive()中被释放的资源。

- onInactive()。

当Page失去焦点时,系统将调用此回调方法,此后Page进入INACTIVE状态。开发者可以在此回调方法中实现Page失去焦点时应表现的恰当行为。

- onBackground()。

如果Page不再对用户可见,系统将调用此回调方法通知开发者进行相应的资源释放,此后Page进入BACKGROUND状态。开发者应该在此回调方法中释放Page不可见时无用的资源,或在此回调方法中执行较为耗时的状态保存操作。

- onForeground()。

处于BACKGROUND状态的Page仍然驻留在内存中,当重新回到前台时(比如用户重新导航到此Page),系统将先调用onForeground()回调方法通知开发者,而后Page的生命周期状态回到INACTIVE状态。开发者应当在此回调方法中重新申请在onBackground()中释放的资源,最后Page的生命周期状态进一步回到ACTIVE状态,系统将通过onActive()回调方法通知开发者。

- onStop()。

系统要销毁Page时,将会触发此回调方法,通知开发者进行系统资源的释放。销毁Page的可能原因包括以下几个方面。

(1)用户通过系统管理能力关闭指定Page,例如使用任务管理器关闭Page。

(2)用户行为触发Page的terminateAbility()方法,例如使用应用的退出功能。

（3）配置变更导致系统暂时销毁Page并重建。

（4）系统出于资源管理目的，自动触发对处于BACKGROUND状态的Page的销毁。

Page的生命周期示意如图2-1所示。

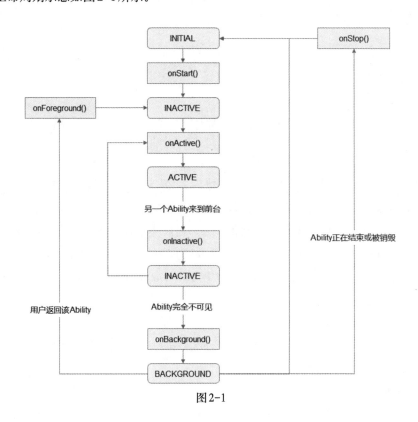

图2-1

2.3 AbilitySlice生命周期

AbilitySlice作为Page的组成单元，其生命周期是依托于其所属Page的生命周期的。AbilitySlice和Page具有相同的生命周期状态和同名的回调方法，当Page生命周期状态发生变化时，它的AbilitySlice也会发生相同的生命周期状态变化。此外，AbilitySlice还具有独立于Page的生命周期状态变化，这发生在同一Page中的AbilitySlice之间进行导航时，此时Page的生命周期状态不会改变。

AbilitySlice生命周期回调方法与Page的相应回调方法类似，在此不赘述。由于AbilitySlice承载具体的页面，开发者必须重写AbilitySlice的onStart()回调方法，并在此方法中通过setUIContent()方法设置页面，代码如下。

```
@Override
protected void onStart(Intent intent) {
```

```
    super.onStart(intent);
    setUIContent(ResourceTable.Layout_main_layout);
}
```

　　AbilitySlice实例的创建和管理通常由应用负责，系统仅在特定情况下创建AbilitySlice实例。例如，通过导航启动某个AbilitySlice时，系统负责实例化；但是在同一个Page中不同的AbilitySlice间导航时，应用负责实例化。

2.4　Page与AbilitySlice生命周期关联

　　当AbilitySlice处于前台且具有焦点时，其生命周期状态随着所属Page的生命周期状态的变化而变化。当一个Page拥有多个AbilitySlice时，例如MyAbility下有FooAbilitySlice和BarAbilitySlice，当前FooAbilitySlice处于前台并获得焦点，并即将导航到BarAbilitySlice，在此期间它们的生命周期状态变化顺序如下。

　　（1）FooAbilitySlice从ACTIVE状态变为INACTIVE状态。

　　（2）BarAbilitySlice则从INITIAL状态首先变为INACTIVE状态，然后变为ACTIVE状态（假定此前BarAbilitySlice未曾启动）。

　　（3）FooAbilitySlice从INACTIVE状态变为BACKGROUND状态。

　　两个AbilitySlice的生命周期回调方法的执行顺序如下。

　　（1）FooAbilitySlice.onInactive()。

　　（2）BarAbilitySlice.onStart()。

　　（3）BarAbilitySlice.onActive()。

　　（4）FooAbilitySlice.onBackground()。

　　在整个流程中，MyAbility始终处于ACTIVE状态。但是，当Page被系统销毁时，其所有已实例化的AbiltySlice将被联动销毁，而不仅仅销毁处于前台的AbilitySlice。

　　在一个应用程序运行的过程中，同一时刻只能有一个AbilitySlice处于前台位置。

2.5　【实战】AbilitySlice参数的传递与回调

2.5.1　实战目标

　　（1）初步熟悉AbilitySlice的参数传递。

　　（2）初步熟悉AbilitySlice的参数回调。

　　（3）通过Java代码更改使用XML编写的UI页面的Text文本内容。

（4）初步熟悉 element 文件下的 string.json 文件，并获取文件中的内容。

本节的实战将通过第一个页面传递参数给第二个页面，并由第二个页面对参数进行修改再回调给第一个页面。

2.5.2 通过 XML 显式编写页面

在 resources→base→layout 文件夹下创建文件并命名为 ability_main.xml，代码如下。

```xml
<?xml version="1.0" encoding="utf-8"?>
<DirectionalLayout
    xmlns:ohos="http://schemas.huawei.com/res/ohos"
    ohos:height="match_parent"
    ohos:width="match_parent"
    ohos:alignment="center"
    ohos:orientation="vertical">
    <Text
        ohos:id="$+id:text_main"
        ohos:height="match_content"
        ohos:width="match_content"
        ohos:background_element="$graphic:background_ability_main"
        ohos:layout_alignment="horizontal_center"
        ohos:text="$string:mainability_HelloWorld"
        ohos:text_size="40vp"
        />
</DirectionalLayout>
```

在 resources→base→layout 文件夹下创建文件并命名为 ability_second.xml，代码如下。

```xml
<?xml version="1.0" encoding="utf-8"?>
<DirectionalLayout
    xmlns:ohos="http://schemas.huawei.com/res/ohos"
    ohos:height="match_parent"
    ohos:width="match_parent"
    ohos:alignment="center"
    ohos:orientation="vertical">
    <Text
        ohos:id="$+id:text_second"
        ohos:height="match_content"
        ohos:width="match_content"
        ohos:background_element="$graphic:background_ability_main"
        ohos:layout_alignment="horizontal_center"
        ohos:text="$string:secondability_HelloWorld"
```

```xml
        ohos:text_size="40vp"
        />
</DirectionalLayout>
```

上述代码中的ohos:text调用了$string文件中的内容,该$string文件指的是resources→base→element文件夹下的string.json文件,需要为其新增内容,如下。

```json
{
    "name": "secondability_HelloWorld",
    "value": "第二个页面!"
}
```

在string.json文件中编写了secondability_HelloWorld,才可以在使用XML编写的布局文件中使用$string:secondability_HelloWorld对其对应的值进行调用。除了string.json之外,在resource→base→element文件夹下还可以编辑color.json颜色资源、boolean.json布尔型资源、integer.json整型资源等。

2.5.3 通过AbilitySlice管理第一个页面

更改com.example.myapplication_02.slice.MainAbilitySlice文件,代码如下。

```java
package com.example.myapplication_02.slice;

import com.example.myapplication_02.ResourceTable;
import ohos.aafwk.ability.AbilitySlice;
import ohos.aafwk.content.Intent;
import ohos.aafwk.ability.AbilitySlice;
import ohos.aafwk.content.Intent;
import ohos.agp.components.Text;

public class MainAbilitySlice extends AbilitySlice {
    private static int count = 1;//设置要传递的值
    private static Text mainAbilitySliceText;//设置本页面需要展示的内容

    @Override
    public void onStart(Intent intent) {
        super.onStart(intent);
        //跳转到Layout_ability_main 的XML页面之中
        super.setUIContent(ResourceTable.Layout_ability_main);

        //通过findComponentById()找到Layout_ability_main 的XML页面中的Id_text_main文本
```

```java
            mainAbilitySliceText =
(Text)findComponentById(ResourceTable.Id_text_main);
            //找到Id_text_main文本之后对其进行修改
            mainAbilitySliceText.setText("Main count"+count);
            //找到Id_text_main文本之后对其添加响应按钮
            mainAbilitySliceText.setClickedListener(component -> {
                //创建入参
                Intent in = new Intent();
                //设置入参,将count传入下一页面
                in.setParam("count",count);
                //presentForResult是内置函数,可直接使用
                // 最后的100002数值可随意定义,是回调之后会返回的resultIntent的值
                presentForResult(new SecondAbilitySlice(),in,100002);
            });
    }


    @Override
    protected void onResult(int requestCode, Intent resultIntent) {
        super.onResult(requestCode, resultIntent);
        if (requestCode == 100002){//确定是由值为100002的resultIntent返回的
            //获取上个页面传入的count值
            count = resultIntent.getIntParam("count",-1);
            count++;
            //在本页面中展示出该count值
            mainAbilitySliceText.setText("Main count"+count);
        }
    }
}
```

　　Text是用来显示字符串的组件,在界面上显示为一块文本区域。Text作为一个基本组件,有很多扩展组件,常见的有按钮组件Button、文本输入框组件TextField。Text的共有XML属性继承自Component,调用setText()将会重写页面内容,后文会对其进行详述。

　　presentForResult()函数与present()函数相类似,皆用于跳转到下一页面,presentForResult()通过调用setResult(ohos.aafwk.content.Intent)返回目标AbilitySlice设置的结果。可以使用 Intent 对象来传递所需的信息。此方法只能在以下情况中调用:当前AbilitySlice处于ACTIVE状态、目标AbilitySlice未启动或已销毁、当前AbilitySlice中有1024个或更少的目标AbilitySlice。

　　findComponentById()函数是最常用到的函数,用于查找页面上的组件。

　　Page上的组件有表示自身的整型主键,可通过ResourceTable资源列表进行查找。

onResult()为回调方法,此处需要对该函数进行重写,即下一页面回调时将触发该函数,其中requestCode将返回之前传递过来的100002,resultIntent将传入上个页面返回给回调方法的参数。

2.5.4 通过AbilitySlice管理第二个页面

新增com.example.myapplication_02.slice.SecondAbilitySlice文件,代码如下。

```java
package com.example.myapplication_02.slice;
import com.example.myapplication_02.ResourceTable;
import ohos.aafwk.ability.AbilitySlice;
import ohos.aafwk.content.Intent;
import ohos.agp.components.Text;

public class SecondAbilitySlice extends AbilitySlice {

    private int count;
    @Override
    protected void onStart(Intent intent) {
        super.onStart(intent);
        setUIContent(ResourceTable.Layout_ability_second);
        //获取上个页面传入的count
        //如果没有找到则设置为-1
        count = intent.getIntParam("count", -1);
        count++;
        Text text = (Text)findComponentById(ResourceTable.Id_text_second);
        text.setText("Second count"+count);
        text.setClickedListener(component -> {
            Intent in = new Intent();
            in.setParam("count",count);
            setResult(in);
            terminate();
        });
    }
}
```

该页面将会通过intent.getIntParam()获取上个页面传入的count值。

terminate()注销当前的AbilitySlice。当前AbilitySlice调用该方法销毁自身时,会将setResult(ohos.aafwk.content.Intent)设置的结果数据返回给调用者。

2.5.5 展示效果

启动模拟器，运行应用程序，展示的第一个页面如图2-2所示。

可以从图2-1中看出，虽然在XML文件中编写的文本为HelloWorld，但实际展示的内容以Java代码更改后的文本为准，即Main count1，单击文本，获得图2-3所示的页面。

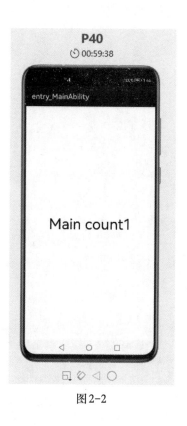

图 2-2

图 2-3

再次单击图2-3所示的页面中的文本获得图2-4所示的页面，并且进入MainAbilitySlice中的onResult()回调方法。

此时还可以再次单击，虽然在onResult()回调方法中没有设置跳转，但实际上本页面之前就调用过onStart()初始化方法，所以仍然可以再次单击并进入图2-5所示的页面。

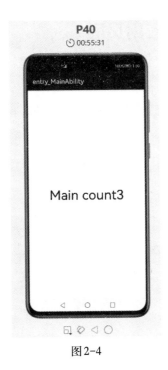

图 2-4

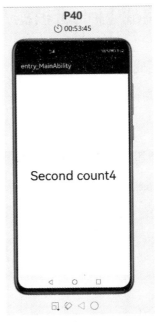

图 2-5

2.5.6 项目结构

该项目的最终结构如图 2-6 所示。

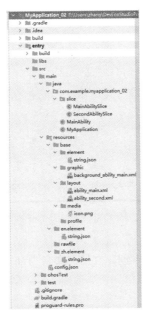

图 2-6

2.6 【实战】Intent 根据 Ability 全称启动应用页面

2.6.1 实战目标

前文使用 presentForResult() 与 present() 的方式进行页面跳转。而本节则将通过 Ability 容器自身进行页面跳转。

2.6.2 通过 XML 显式编写页面

在 resources→base→layout 文件夹下创建文件并命名为 ability_main.xml，代码如下。

```xml
<?xml version="1.0" encoding="utf-8"?>
<DirectionalLayout
    xmlns:ohos="http://schemas.huawei.com/res/ohos"
    ohos:height="match_parent"
    ohos:width="match_parent"
    ohos:alignment="center"
    ohos:orientation="vertical">

    <Button
        ohos:id="$+id:button"
        ohos:width="match_content"
        ohos:height="match_content"
        ohos:text="Ability页面跳转"
        ohos:text_size="19fp"
        ohos:text_color="#FFFFFF"
        ohos:top_padding="8vp"
        ohos:bottom_padding="8vp"
        ohos:right_padding="70vp"
        ohos:left_padding="70vp"
        ohos:center_in_parent="true"
        ohos:margin="10vp"
        ohos:background_element="$graphic:background_button"/>

</DirectionalLayout>
```

在 resources→base→layout 文件夹下创建文件并命名为 ability_second.xml，代码如下。

```xml
<?xml version="1.0" encoding="utf-8"?>
<DirectionalLayout
```

```xml
    xmlns:ohos="http://schemas.huawei.com/res/ohos"
    ohos:height="match_parent"
    ohos:width="match_parent"
    ohos:orientation="vertical">
    <Text
        ohos:id="$+id:text_title"
        ohos:height="match_content"
        ohos:width="260vp"
        ohos:background_element="#00889"
        ohos:layout_alignment="horizontal_center"
        ohos:text="被打开的页面"
        ohos:text_size="50"
        ohos:padding="5vp"
        ohos:top_margin="30vp"
        />
</DirectionalLayout>
```

2.6.3 编写Ability容器

编写SecondAbility容器，包容ability_second.xml页面，代码如下。

```java
package com.example.myapplication_03;
import ohos.aafwk.ability.Ability;
import ohos.aafwk.content.Intent;

public class SecondAbility extends Ability {

    @Override
    protected void onStart(Intent intent) {
        super.onStart(intent);
        setUIContent(ResourceTable.Layout_ability_second);
    }
}
```

在编写完SecondAbility容器之后需要在配置文件中对其进行声明，即每个Ability容器都需要额外进行声明，否则无法对其进行跳转或调用。声明所在文件为entry→src→main→config.json，代码如下。

```json
"abilities": [
  {
    "skills": [
```

```
        {
          "entities": [
            "entity.system.home"
          ],
          "actions": [
            "action.system.home"
          ]
        }
      ],
      "orientation": "unspecified",
      "visible": true,
      "name": "com.example.myapplication_03.MainAbility",
      "icon": "$media:icon",
      "description": "$string:mainability_description",
      "label": "$string:entry_MainAbility",
      "type": "page",
      "launchType": "standard"
    },
    {
      "name": "com.example.myapplication_03.SecondAbility",
      "type": "page"
    }
  ]
}
```

config.json 文件中的 abilities 配置中最后追加的 name 与 type 即此时我们额外新增的配置内容，声明 com.example.myapplication_03.SecondAbility 为一个 page 页面。

2.6.4 编写跳转代码

本示例中将通过 ability_main 页面中的按钮跳转到 ability_second 页面，所以需要在 MainAbilitySlice.java 中编写跳转代码，其代码如下。

```
package com.example.myapplication_03.slice;

import com.example.myapplication_03.ResourceTable;
import ohos.aafwk.ability.AbilitySlice;
import ohos.aafwk.content.Intent;
import ohos.aafwk.content.Operation;
import ohos.agp.components.Button;
```

```java
public class MainAbilitySlice extends AbilitySlice {
    @Override
    public void onStart(Intent intent) {
        super.onStart(intent);
        super.setUIContent(ResourceTable.Layout_ability_main);    //01
        Button button = (Button)findComponentById(ResourceTable.Id_button);
        button.setClickedListener(component -> {                  //02
            Intent intent1 = new Intent();                        //03
            // 指定待启动FA的bundleName和abilityName
            Operation operation = new Intent.OperationBuilder()   //04
                    .withDeviceId("")
                    .withBundleName("com.example.myapplication_03")
                    .withAbilityName("SecondAbility")
                    .build();
            intent1.setOperation(operation);                      //05
            startAbility(intent1); // 06 通过AbilitySlice的startAbility接口实现启动另一个页面
        });
    }
}
```

代码01（指注释中01开始的代码，后文同此）释义：通过ResourceTable找到XML文件中设置的按钮，并使用findComponentById()获取该按钮。

代码02释义：对button按钮增加单击事件的监听器。

代码03释义：创建新的Intent对象。

代码04释义：通过OperationBuilder构造器设置需要Intent传输的内容，其中withBundleName()传递到哪个包中，withAbilityName()传递到哪个Ability容器中。

代码05释义：将刚刚构造的Operation对象放置在代码03中的Intent对象之中。

代码06释义：基于指定参数启动Ability容器。

2.6.5 展示效果

启动模拟器，运行应用程序，展示的第一个页面如图2-7所示。

单击按钮后展示的第二个页面如图2-8所示。

图 2-7   图 2-8

2.6.6 项目结构

整体项目结构如图 2-9 所示。

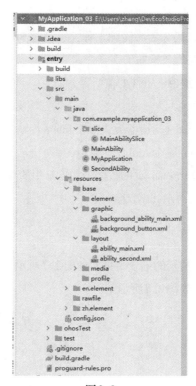

图 2-9

2.7 课后习题

（1）Page是什么？Page与FA的关系是什么？Page提供了什么能力？

（2）Page由什么组成？

（3）HarmonyOS中什么是组件，什么是布局？

（4）如何引起Page生命周期状态的变化？

（5）Page与AbilitySlice的关系是什么？

（6）在一个应用程序运行的过程中，同一时刻能有几个AbilitySlice处于前台位置？

（7）一个Page是否只能含有一个AbilitySlice？

（8）Page被系统销毁之后，其下的AbilitySlice是否会存在？

（9）HarmonyOS初始化进入的页面在哪个类中，又该如何进行设置？

（10）如何调用资源文件中的内容？

（11）在HarmonyOS的Java UI框架中如何进行页面数据的传递？

（12）HarmonyOS的Java UI框架中有哪两种跳转页面的方式？

（13）如何进行Ability容器的声明？

第3章 Service Ability 开发

Service Ability（常被简称为"Service"）主要用于后台运行任务（如执行音乐播放、文件下载等），但不提供用户交互界面。Service 可由其他应用或 Ability 启动，即使用户切换到其他应用，Service 仍将在后台继续运行。

Service 是单实例的。在一个设备上，相同的 Service 只会存在一个实例。如果多个 Ability 共用这个实例，那么只有当与 Service 绑定的所有 Ability 都退出后，Service 才能够退出。由于 Service 是在主线程里执行的，因此，如果 Service 的操作时间过长，开发者必须为 Service 创建新的线程来处理这些操作，防止造成主线程阻塞、应用程序无响应。

创建 Service 时，需要创建 Ability 的子类，需要实现 Service 相关的生命周期回调方法。Service 也是一种 Ability，Ability 为 Service 提供了 3.1 节提及的生命周期回调方法。开发者可以通过重写这些方法，来添加其他 Ability 请求与 Service 交互时的处理方法。

3.1 Service 的生命周期

与 Page 类似，Service 也拥有生命周期，如图 3-1 所示。根据调用方法的不同，其生命周期有以下两种类型。

- 启动 Service。

Service 在其他 Ability 调用 startAbility() 时创建，然后保持运行。其他 Ability 通过调用 stopAbility() 来停止 Service，Service 停止后，系统会将其销毁。

- 连接 Service。

Service 在其他 Ability 调用 connectAbility() 时创建，客户端可通过调用 disconnectAbility() 断开连接。多个客户端可以绑定到相同 Service，而且当所有绑定全部取消后，系统会销毁该 Service。connectAbility() 也可以连接通过 startAbility() 创建的 Service。

Service 的生命周期回调方法释义如下。

- onStart()。

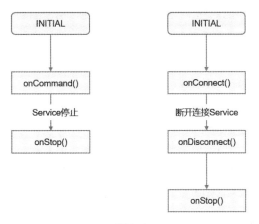

图 3-1

在创建 Service 时调用，该方法用于 Service 的初始化，在 Service 的整个生命周期中只会调用一次，调用时传入的 Intent 应为空。

- onCommand()。

在 Service 创建完成之后调用，该方法在客户端每次启动该 Service 时都会调用，开发者可以在该方法中做一些调用、初始化类的操作。

- onConnect()。

在 Ability 和 Service 连接时调用，该方法返回 IRemoteObject 对象。开发者可以在该方法中生成对应 Service 的 IPC（Interprocess Communication，进程间通信）通道，以便 Ability 与 Service 交互。Ability 可以多次连接同一个 Service，系统会缓存该 Service 的 IPC 对象。只有第一个客户端连接 Service 时，系统才会调用 Service 的 onConnect() 方法来生成 IRemoteObject 对象，而后系统会将同一个 IRemoteObject 对象传递至连接同一个 Service 的其他所有客户端，而无须再次调用 onConnect() 方法。

- onDisconnect()。

在 Ability 与其绑定的 Service 断开连接时调用。

- onStop()。

在 Service 销毁时调用。Service 应通过实现该方法来清理其占用的任何资源，如未关闭的线程、注册的监听器等。

3.2 【实战】启动和停止后台 Service

3.2.1 实战目标

（1）初步熟悉 ToastDialog 弹窗组件。

（2）单击 ability_main 页面中的启动 Service 按钮之后，通过后台启动弹窗。

（3）再次单击按钮后弹窗被单击次数加1。

（4）单击 ability_main 页面中的停止 Service 按钮。

（5）再次单击按钮后弹窗被单击次数归1。

本实战中采用了弹窗来替代音乐播放器（MP3 Player）的相关功能，方便对 Service 的理解。如果使用音乐播放器，则当用户单击 ability_main 页面中的启动 Service 按钮之后，后台将启动音乐播放，单击 ability_main 页面中的停止 Service 按钮后将停止音乐播放。

3.2.2　通过 XML 显式编写页面

在 resources→base→layout 文件夹下创建文件并命名为 ability_main，代码如下。

```xml
<?xml version="1.0" encoding="utf-8"?>
<DirectionalLayout
    xmlns:ohos="http://schemas.huawei.com/res/ohos"
    ohos:height="match_parent"
    ohos:width="match_parent"
    ohos:alignment="center"
    ohos:orientation="vertical">

    <Button
        ohos:id="$+id:button_01"
        ohos:width="match_content"
        ohos:height="match_content"
        ohos:text="启动 Service"
        ohos:text_size="19fp"
        ohos:text_color="#FFFFFF"
        ohos:top_padding="8vp"
        ohos:bottom_padding="8vp"
        ohos:right_padding="70vp"
        ohos:left_padding="70vp"
        ohos:center_in_parent="true"
        ohos:margin="10vp"
        ohos:background_element="$graphic:background_button"/>

    <Button
        ohos:id="$+id:button_02"
        ohos:width="match_content"
        ohos:height="match_content"
        ohos:text="停止 Service"
```

```xml
        ohos:text_size="19fp"
        ohos:text_color="#FFFFFF"
        ohos:top_padding="8vp"
        ohos:bottom_padding="8vp"
        ohos:right_padding="70vp"
        ohos:left_padding="70vp"
        ohos:center_in_parent="true"
        ohos:margin="10vp"
        ohos:background_element="$graphic:background_button"/>
</DirectionalLayout>
```

3.2.3 编写Service

编写Service,代码如下。

```java
package com.example.myapplication_04;

import ohos.aafwk.ability.Ability;
import ohos.aafwk.content.Intent;
import ohos.agp.utils.LayoutAlignment;
import ohos.agp.window.dialog.ToastDialog;
import ohos.hiviewdfx.HiLog;
import ohos.hiviewdfx.HiLogLabel;

public class MyServiceAbility extends Ability{
    private static final HiLogLabel LABEL_LOG = new HiLogLabel(3, 0xD001101,
"MyServiceAbility");
    @Override
    public void onStart(Intent intent) {
        HiLog.error(LABEL_LOG, "MyServiceAbility::onStart");
        super.onStart(intent);
    }

    @Override
    protected void onCommand(Intent intent, boolean restart, int startId) {//01
        super.onCommand(intent, restart, startId);
        ToastDialog toastDialog = new ToastDialog(getContext());//02
        toastDialog.setText("已经使用Service"+startId);//03
        toastDialog.setAlignment(LayoutAlignment.CENTER);//04
        toastDialog.show();//05
    }
}
```

代码01释义：重写Ability的onCommand()方法，在Service创建完成之后调用，该方法在客户端每次启动该Service时都会调用，开发者可以在该方法中做一些调用统计、初始化类的操作。参数释义：intent为之前传入的内容；restart为Ability的启动状态，值为true表示销毁后的重启，值为false表示正常的重启；startId在onCommand()每一次被调用后都会增加1。注意，onCommand值为方法的入参，不需要开发者编写，直接使用即可。

代码02释义：创建新的弹窗工具，其中getContext()用于获得HarmonyOS的上下文内容，为内置函数，直接调用即可。

代码03释义：编辑弹窗工具所弹出的内容。

代码04释义：设置弹窗为居中效果。

代码05释义：展示创建且编辑后的弹窗。

Service的编写需要配合config.json文件进行声明，如前文提到过的FA的Page也是通过config.json文件进行声明的。声明所在文件为entry→src→main→config.json，代码如下。

```json
"abilities": [
  {
    "skills": [
      {
        "entities": [
          "entity.system.home"
        ],
        "actions": [
          "action.system.home"
        ]
      }
    ],
    "orientation": "unspecified",
    "visible": true,
    "name": "com.example.myapplication_04.MainAbility",
    "icon": "$media:icon",
    "description": "$string:mainability_description",
    "label": "$string:entry_MainAbility",
    "type": "page",
    "launchType": "standard"
  },
  {
    "name": "com.example.myapplication_04.MyServiceAbility",
    "type": "service"
  }
```

    ]

其中"type": "service"是新增加的,其在abilities结构之下。

3.2.4 编写主页面AbilitySlice的跳转功能

本实战中只有一个AbilitySlice页面,应用程序将会通过该页面展示两个按钮,并且单击按钮后可调用Service。

```java
package com.example.myapplication_04.slice;

import com.example.myapplication_04.ResourceTable;
import ohos.aafwk.ability.AbilitySlice;
import ohos.aafwk.content.Intent;
import ohos.aafwk.content.Operation;
import ohos.agp.components.Button;

public class MainAbilitySlice extends AbilitySlice {
    @Override
    public void onStart(Intent intent) {
        super.onStart(intent);
        super.setUIContent(ResourceTable.Layout_ability_main);

        Button button01 = (Button)findComponentById(ResourceTable.Id_button_01);
        button01.setClickedListener(component -> {
            Intent intent1 = new Intent();
            Operation operation = new Intent.OperationBuilder()
                    .withBundleName("com.example.myapplication_04")
                    .withAbilityName("MyServiceAbility")
                    .build();
            intent1.setOperation(operation);
            startAbility(intent1);//01
        });

        Button button02 = (Button)findComponentById(ResourceTable.Id_button_02);
        button02.setClickedListener(component -> {
            Intent intent1 = new Intent();
            Operation operation = new Intent.OperationBuilder()
                    .withBundleName("com.example.myapplication_04")
                    .withAbilityName("MyServiceAbility")
                    .build();
```

```
                intent1.setOperation(operation);
                stopAbility(intent1);//02
        });
    }
}
```

代码01释义：可以看出调用Service与调用Page的方式完全相同。

代码02释义：可通过stopAbility()函数关闭Service。

3.2.5 展示效果

启动模拟器，运行应用程序，展示的第一个页面如图3-2所示。

单击启动Service按钮，展示弹窗效果，如图3-3所示。

图3-2

图3-3

此时Service计数器显示为1，再次单击启动Service按钮后，效果如图3-4所示。

第二次单击启动Service按钮后，其Service的onCommand()方法的startId计数器已经达到了2，如果继续单击的话该数值会继续增加。此时单击停止Service按钮后再次单击启动Service按钮，效果如图3-5所示。

图3-4

图3-5

3.2.6 项目结构

停止了Service的后台执行之后，再次启动后台程序，可以看出后台Service的onCommand()方法的startId计数器重新归为1，证明该后台Service是重新被启动的。至此，本实战结束，项目结构如图3-6所示。

图3-6

3.3 前台 Service

一般情况下，Service 都是在后台运行的，后台 Service 的优先级都是比较低的，当资源不足时，系统有可能回收正在运行的后台 Service。

在一些场景下（如播放音乐），用户希望应用能够一直保持运行，此时就需要使用前台 Service。前台 Service 会始终保持运行，并在通知栏显示代表其正在运行的图标。

使用前台 Service 并不复杂，开发者只需在 Service 的创建方法里调用 keepBackgroundRunning( ) 将 Service 与通知绑定。调用 keepBackgroundRunning( ) 方法前需要在配置文件中声明 ohos.permission. KEEP_BACKGROUND_RUNNING 权限，同时还需要在配置文件中添加对应的 backgroundModes 参数。在 onStop( ) 方法中调用 cancelBackgroundRunning( ) 方法可停止前台 Service。

前台 Service 是保证程序处于活跃状态的重要工具，但是为了防止恶意软件抢占资源、获取用户敏感信息等，前台 Service 的运行图标必须显示在通知栏之中。

3.4 【实战】启动和停止前台 Service

3.4.1 实战目标

（1）启动前台 Service 后，在通知栏处可以看到相应的通知信息。
（2）初步熟悉通知的相关内容。
（3）熟悉前台 Service 所需的 config.json 配置。

由于本实战与 3.2 节的实战的代码相近，所以只更改其中部分内容即可。后文未提及的其他相关 XML 页面与 MainServiceSlice 不需要进行更改。

3.4.2 修改 MyServiceAbility

修改 3.2 节实战中的 MyServiceAbility 类，代码如下。

```
package com.example.myapplication_05;

import ohos.aafwk.ability.Ability;
import ohos.aafwk.content.Intent;
import ohos.agp.utils.LayoutAlignment;
import ohos.agp.window.dialog.ToastDialog;
import ohos.event.notification.NotificationRequest;
import ohos.hiviewdfx.HiLog;
import ohos.hiviewdfx.HiLogLabel;
```

```java
public class MyServiceAbility extends Ability{
    private static final HiLogLabel LABEL_LOG = new HiLogLabel(3, 0xD001101,
"MyServiceAbility");

    @Override
    public void onStart(Intent intent) {
        HiLog.error(LABEL_LOG, "MyServiceAbility::onStart");
        super.onStart(intent);
    }

    @Override
    protected void onCommand(Intent intent, boolean restart, int startId) {
        super.onCommand(intent, restart, startId);
        //restart Ability启动的状态,true=销毁后的重启,false=正常的重启
        //startId onCommand每被调用一次则增加1
        ToastDialog toastDialog = new ToastDialog(getContext());
        toastDialog.setText("已经使用Service"+startId);
        toastDialog.setAlignment(LayoutAlignment.CENTER);
        toastDialog.show();

        //创建通知内容
        NotificationRequest.NotificationNormalContent notificationNormalContent
= new NotificationRequest.NotificationNormalContent();//01
        notificationNormalContent.setTitle("测试应用");//02
        notificationNormalContent.setText("该Service会常驻");//03

        //创建通知对象
        NotificationRequest.NotificationContent notificationContent = new
NotificationRequest.NotificationContent(notificationNormalContent);//04

        //创建通知请求
        NotificationRequest notificationRequest = new
NotificationRequest(1001);//05
        notificationRequest.setContent(notificationContent);
        keepBackgroundRunning(1005,notificationRequest);//06
    }

    @Override
    protected void onStop() {
        super.onStop();
```

```
            cancelBackgroundRunning();//07
    }
}
```

代码01释义：构建基本通知内容。

代码02释义：设置通知响应头。

代码03释义：设置通知内容。

代码04释义：设置要传递给通知请求的通知对象。通知对象类型如下，可以使用此类的构造方法来指定要使用的通知对象类型。

```
NotificationRequest.notificationNormalContent
NotificationRequest.notificationLongTextContent
NotificationRequest.notificationPictureContent
```

代码05释义：NotificationRequest通过被用作NotificationHelper的publishNotification(NotificationRequest)方法中的输入参数来发布通知。在通知订阅方面，可以继承NotificationSubscriber类并覆盖回调方法NotifionSubscriber的OnConsumed(NotificationRequest)和NotifionSubscriber的OnCanceled(NotificationRequest)。收到或删除的通知可以存储在NotificationRequest对象中。

代码06释义：绑定通知，1005为创建通知时传入的notificationID。

代码07释义：关闭通知。

3.4.3　修改Service类型

修改Service类型为前台Service，需要更改config.json文件的内容，其代码如下。

```
"abilities": [
  {
    "skills": [
      {
 "entities": [
  "entity.system.home"
      ],
      "actions": [
 "action.system.home"
      ]
    }
  ],
  "orientation": "unspecified",
  "name": "com.example.myapplication_05.MainAbility",
```

```
  "icon": "$media:icon",
  "description": "$string:mainability_description",
  "label": "$string:entry_MainAbility",
  "type": "page",
  "launchType": "standard"
},
{
  "name": "com.example.myapplication_05.MyServiceAbility",
  "type": "service",
  "visible": true,
  "backgroundModes": ["dataTransfer", "location"]
}
    ],
    "reqPermissions": [
{
  "name": "ohos.permission.KEEP_BACKGROUND_RUNNING"
    }
  ]
```

其中修改了abilities中的MyService相关内容并增加了KEEP_BACKGROUND_RUNNING。调用keepBackgroundRunning()方法前需要在配置文件中声明ohos.permission.KEEP_BACKGROUND_RUNNING权限，同时还需要在配置文件中添加对应的backgroundModes参数。

visible为true时，表示可见的、前台展示的Service，即该Service可让用户观察到。

3.4.4 展示效果

启动模拟器，运行应用程序，展示的第一个页面如图3-7所示。

单击启动Service按钮后，会展示弹窗，与通过后台启动Service的效果相同，与此同时，在通知栏处会显示新的通知图标，如图3-8所示。

就像使用真实的手机一般，可以在模拟器中按住页面顶部并下拉，即可看到通知信息。使用手机时用手指按住的操作，在模拟器中可以通过用鼠标左键按住实现，通知信息如图3-9所示。

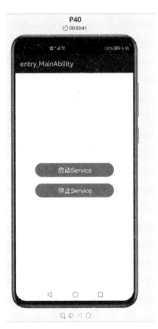

图3-7

图 3-8

图 3-9

3.4.5 项目结构

本实战项目结构与 3.2 节实战的项目结构相同,如图 3-10 所示。

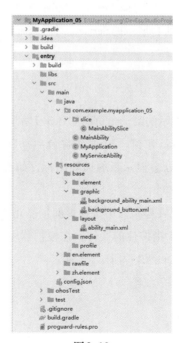

图 3-10

3.5 课后习题

（1）什么是后台Service？

（2）什么是前台Service？

（3）Service在创建的时候需要在哪里进行配置？

（4）用哪个类进行通知传递？

（5）Service与Page的区别是什么？它们分别代表什么？

第4章　Data Ability 开发

4.1 Data 概念

Data Ability（以下简称"Data"）有助于应用管理自身和其他应用存储数据的访问，并提供与其他应用共享数据的方法。Data 既可用于同设备不同应用的数据共享，也可支持跨设备不同应用的数据共享。

数据的存放形式多样，可以是数据库，也可以是磁盘上的文件。Data 对外提供对数据的增、删、改、查，以及打开文件等的接口，接口的具体实现由开发者提供。

开发者需要为应用添加一个或多个 Ability 的子类，来提供应用之间的接口。Data 为结构化数据和文件提供了不同 API 以方便用户使用，因此，开发者需要首先确定使用何种类型的数据。本章主要讲述创建 Data 的基本步骤和需要使用的接口。

4.2 创建 Data

Data 提供方可以自定义数据的增、删、改、查，以及文件打开等功能的接口，并对外提供这些接口。

Data 支持以下两种数据形式。
- 文件数据：如文本、图片、音乐等。
- 结构化数据：如数据库等。

实现 Data，需要右击 Project 窗口当前项目的主目录（entry→src→main→java→com.×××.×××），选择 File→New→Ability→Empty Data Ability 菜单命令，在弹出的相应对话框中设置 Data Name 后完成 Data 的创建。

开发者需要在 Data 中重写 FileDescriptor openFile(Uri uri, String mode) 方法来操作文件：uri 为客户端传入的请求目标路径；mode 为开发者对文件的操作选项，可选方式包含 "r"（读）、"w"（写）、"rw"（读写）等。

开发者可通过MessageParcel的静态方法dupFileDescriptor()复制待操作文件流的文件描述符,并将其返回,供远端应用访问文件。

示例:根据传入的uri打开对应的文件。

```
@Override
public FileDescriptor openFile(Uri uri, String mode) throws FileNotFoundException
{
    File file = new File(uri.getDecodedPathList().get(0)); //get(0)用于获取uri完整字段中的查询参数字段
    if (mode == null || !"rw".equals(mode)) {
        file.setReadOnly();
    }
    FileInputStream fileIs = new FileInputStream(file);
    FileDescriptor fd = null;
    try {
        fd = fileIs.getFD();
    } catch (IOException e) {
        HiLog.info(LABEL_LOG, "failed to getFD");
    }

    // 复制文件描述符
    return MessageParcel.dupFileDescriptor(fd);
}
```

4.3 数据库存储

系统会在应用启动时调用onStart()方法创建Data实例。在此方法中,开发者应该创建数据库连接,并获取连接对象,以便后续对数据库进行操作。为了避免影响应用启动的速度,开发者应当尽可能将非必要的耗时任务推迟到使用时执行,而不是在此方法中执行所有初始化任务。

示例:在应用初始化的时候连接数据库。

```
private static final String DATABASE_NAME = "UserData.db";
private static final String DATABASE_NAME_ALIAS = "UserDataAbility";
private static final HiLogLabel LABEL_LOG = new HiLogLabel(HiLog.LOG_APP, 0xD00201,
"Data_Log");
private OrmContext ormContext = null;

@Override
```

```
public void onStart(Intent intent) {
    super.onStart(intent);
    DatabaseHelper manager = new DatabaseHelper(this);
    ormContext = manager.getOrmContext(DATABASE_NAME_ALIAS, DATABASE_NAME,
BookStore.class);
}
```

4.4 编写数据库操作方法

Ability定义了6个方法供用户处理对数据库数据的增、删、改、查。这6个方法在Ability中已默认实现，开发者可按需重写。

- 查询数据库：ResultSet query(Uri uri, String[ ] columns, DataAbilityPredicates predicates)，该方法接收3个参数，分别是查询的目标路径、查询的列名，以及查询条件。
- 向数据库中插入单条数据：int insert(Uri uri, ValuesBucket value)，该方法接收两个参数，分别是插入的目标路径和插入的数据。其中，插入的数据由ValuesBucket封装，服务器可以从该参数中解析出对应的属性，然后插入数据库中。此方法返回一个int类型的值，用于标识结果。
- 向数据库中插入多条数据：int batchInsert(Uri uri, ValuesBucket[ ] values)，该方法为批量插入方法，接收一个ValuesBucket数组，用于单次插入一组对象。它的作用是提高插入多条重复数据的效率。系统已实现该方法，开发者可以直接调用。
- 删除一条或多条数据：int delete(Uri uri, DataAbilityPredicates predicates)，该方法用来执行删除操作。删除条件由类DataAbilityPredicates构建，服务器在接收到该参数之后可以从中解析出要删除的数据，然后在数据库中处理。
- 更新数据库：int update(Uri uri, ValuesBucket value, DataAbilityPredicates predicates)，此方法用来执行更新操作。用户可以在ValuesBucket参数中指定要更新的数据。
- 批量操作数据库：DataAbilityResult[] executeBatch(ArrayList<DataAbilityOperation> operations)，此方法用来执行批量操作。DataAbilityOperation中提供了设置操作类型、数据和操作条件的方法，用户可自行设置要执行的数据库操作。系统已实现该方法，开发者可以直接调用。

4.5 注册Data

和Service类似，开发者必须在配置文件中注册Data。在创建Data时会自动在配置文件中创建与之对应的字段，字段中的name属性值与创建的Data的名称一致。

需要关注以下属性。

- type：类型设置为data。

- uri：对外提供的访问路径，全局唯一。
- permissions：访问该Data时需要申请的访问权限。

示例代码如下。

```
{
    "name": ".UserDataAbility",
    "type": "data",
    "visible": true,
    "uri": "dataability://com.example.myapplication5.DataAbilityTest",
    "permissions": [
        "com.example.myapplication5.DataAbility.DATA"
    ]
}
```

4.6 【实战】通过Data实现增加与查询

4.6.1 实战目标

（1）单击ability_main页面中的Ability本地写入数据按钮之后，通过启动弹窗返回目前存储的数据条数。

（2）单击ability_main页面中的Ability本地读取数据按钮之后，通过启动弹窗返回目前所有存储的数据。

（3）初步熟悉Data。

4.6.2 通过XML显式编写页面

在resources→base→layout文件夹下创建文件并命名为ability_main.xml，代码如下。

```
<?xml version="1.0" encoding="utf-8"?>
<DirectionalLayout
    xmlns:ohos="http://schemas.huawei.com/res/ohos"
    ohos:height="match_parent"
    ohos:width="match_parent"
    ohos:alignment="center"
    ohos:orientation="vertical">

    <Button
        ohos:id="$+id:button_01"
```

```xml
            ohos:width="match_content"
            ohos:height="match_content"
            ohos:text="Ability本地写入数据"
            ohos:text_size="19fp"
            ohos:text_color="#FFFFFF"
            ohos:top_padding="8vp"
            ohos:bottom_padding="8vp"
            ohos:right_padding="70vp"
            ohos:left_padding="70vp"
            ohos:center_in_parent="true"
            ohos:margin="10vp"
            ohos:background_element="$graphic:background_button"
            />

        <Button
            ohos:id="$+id:button_02"
            ohos:width="match_content"
            ohos:height="match_content"
            ohos:text="Ability本地读取数据"
            ohos:text_size="19fp"
            ohos:text_color="#FFFFFF"
            ohos:top_padding="8vp"
            ohos:bottom_padding="8vp"
            ohos:right_padding="70vp"
            ohos:left_padding="70vp"
            ohos:center_in_parent="true"
            ohos:margin="10vp"
            ohos:background_element="$graphic:background_button"
            />
</DirectionalLayout>
```

4.6.3　通过Gradle配置文件引入相关JAR包

修改在entry文件夹下的build.gradle，代码如下。

```
apply plugin: 'com.huawei.ohos.hap'

ohos {
    compileSdkVersion 7
    defaultConfig {
```

```
        compatibleSdkVersion 4
    }
    compileOptions{          annotationEnabled true     }
    buildTypes {
        release {
            proguardOpt {
                proguardEnabled false
                rulesFiles 'proguard-rules.pro'
            }
        }
    }
}
dependencies {
    implementation fileTree(dir: 'libs', include: ['*.jar', '*.har'])
    testImplementation 'junit:junit:4.13'
}
```

HarmonyOS 的 Gradle 配置文件与 Android 的 Gradle 配置文件基本相同，都需要在 dependencies 结构下写入依赖包的地址。这些依赖包都是 HarmonyOS 安装 SDK 时附带的。

另外因为版本的兼容问题，有些版本可能需要增加如下代码（如果使用最新版的 DevEco Studio 编辑器，通常不需要考虑添加下述内容，具体说明可查找 Gradle 相关文档）。

```
#Gradle传递依赖特性
dependencies {
    transitive true
}
#Gradle强制指定版本
configurations.all{
  resolutionStrategy{
    force 'org.hamcrest:hamcrest-core:1.3'
      all*.excludegroup: 'org.hamcrest', module:'hamcrest-core'
  }
}
#Gradle动态依赖特性
dependencies {
    compile group:'b',name:'b',version:'1.+'
    compile group:'a',name:'a',version:'latest.integration'
}
#Gradle设置编码
```

```
allprojects {
    tasks.withType(JavaCompile){
        options.encoding = "UTF-8"
    }
}
```

4.6.4 编写实体类

编写映射表的实体类,代码如下。

```
package com.example.myapplication_06.entity;

import ohos.data.orm.OrmObject;
import ohos.data.orm.annotation.Entity;
import ohos.data.orm.annotation.Index;
import ohos.data.orm.annotation.PrimaryKey;

@Entity(tableName = "student",
        indices = {@Index(value = {"studentId"} ,
            name = "studentId_index",
            unique = true
        )})           //01
public class Student extends OrmObject {      //02
//此处将userId设置为自增主键,注意只有在数据类型为包装类的时候,自增主键才生效。
    @PrimaryKey(autoGenerate = true)         //03
    private Integer studentId;
    private String age;
    private boolean gender;

    public Student(Integer studentId, String age, boolean gender) {
        this.studentId = studentId;
        this.age = age;
        this.gender = gender;
    }

    public Student() {
    }

    @Override
    public String toString() {
```

```
            return "Student{" +
                    "studentId=" + studentId +
                    ", age='" + age + '\'' +
                    ", gender=" + gender +
                    '}';
    }
// 以下省略setter和getter方法、toString()方法构造函数
}
```

代码01释义：@Entity是Data对应的实体类注解，其中tableName对应表名，indices对应索引，name对应索引名称，unique代表唯一约束。

代码02释义：OrmObject表示ORM（Object Relational Mapping，对象关系映射）数据库中的实体。RDB（Relational Database，关系数据库）表中的一行对应于ORM数据库中的一个实体。在ORM数据库中操作实体之前，您需要创建一个从OrmObject继承的实体类，并使用@Entity进行注释。

代码03释义：此处的作用是将student Id设置为自增主键，注意只有在其数据类型为包装类的时候，这里的自增主键才会生效。

编写映射表的实体类后，需要编写对应表的映射库的实体类，代码如下。

```
package com.example.myapplication_06.entity;

import ohos.data.orm.OrmDatabase;
import ohos.data.orm.annotation.Database;

@Database(entities = {Student.class},version = 1)
public abstract class School extends OrmDatabase {

}
```

OrmDatabase对应于关系数据库。在使用ORM数据库之前，您需要创建一个从OrmDatabase继承的数据库类，并使用@Database注释它。

在注释中需要编写该数据库内含有哪些映射表。另外需要注意的是，映射库的实体类是由abstract关键字修饰的。

4.6.5 创建MyDataAbility

编写完映射表与映射库的实体类之后，需要编写Data，用于管理相关的映射类，可以右击包名，选择new→Ability→Empty Data Ability进行创建，如图4-1所示。用该方式同样可以创建Page与Service。由该方式创建Ability的好处是DevEco Studio会在config.json文件中替开发者编写好相应的配置

信息（部分配置信息可能需要进行修改）。

图4-1

选择Empty Data Ability之后弹出图4-2所示的对话框，在其中编写名称并单击Finish按钮即可。

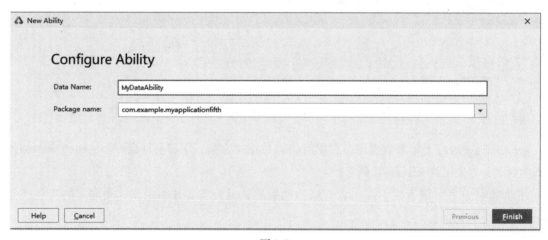

图4-2

创建完的空Data模板如图4-3所示，DataAbility继承于Ability，初始化的模板将会提前写好query()、insert()等空函数。

```
package com.example.myapplicationfifth;

import ...

public class DataAbility extends Ability {
    private static final HiLogLabel LABEL_LOG = new HiLogLabel( type: 3, domain: 0xD001100, tag: "Demo");

    @Override
    public void onStart(Intent intent) {
        super.onStart(intent);
        HiLog.info(LABEL_LOG, format: "DataAbility onStart");
    }

    @Override
    public ResultSet query(Uri uri, String[] columns, DataAbilityPredicates predicates) { return null; }

    @Override
    public int insert(Uri uri, ValuesBucket value) {
        HiLog.info(LABEL_LOG, format: "DataAbility insert");
        return 999;
    }

    @Override
    public int delete(Uri uri, DataAbilityPredicates predicates) { return 0; }
```

图 4-3

创建空 Data 模板之后，config.json 文件中的内容将如下。

```
{
  "permissions": [
    "com.example.myapplicationfifth.DataAbilityShellProvider.PROVIDER"
  ],
  "name": "com.example.myapplication_06.DataAbility",
  "icon": "$media:icon",
  "description": "$string:dataability_description",
  "type": "data",
  "visible": true
  "uri": "dataability://com.example.myapplication_06.MyDataAbility"
}
```

其中 permissions 的内容会自动帮开发者补充，表示应用申请 DataAbilityShellProvider.PROVIDER 权限。但有时会出现权限不够的情况，这里需修改本实战中的 config.json 文件，其内容如下。

```
......
  "abilities": [
    {
      "skills": [
        {
          "entities": [
```

```
              "entity.system.home"
            ],
            "actions": [
              "action.system.home"
            ]
          }
        ],
        "orientation": "unspecified",
        "name": "com.example.myapplication_06.MainAbility",
        "icon": "$media:icon",
        "description": "$string:mainability_description",
        "label": "$string:entry_MainAbility",
        "type": "page",
        "launchType": "standard"
      },
      {
        "permissions": [
          "com.example.myapplicationfifth.DataAbilityShellProvider.PROVIDER"
        ],
        "name": "com.example.myapplication_06.MyDataAbility",
        "icon": "$media:icon",
        "description": "$string:mydataability_description",
        "type": "data",
        "visible": true,
        "uri": "dataability://com.example.myapplication_06.MyDataAbility"
      }
    ],
    "reqPermissions": [
      { "name": "com.example.myapplication_06.DataAbility.DATA" },
      { "name": "ohos.permission.READ_USER_STORAGE" },
      { "name": "ohos.permission.WRITE_USER_STORAGE" }
    ]
  }
}
```

在config.json中申请到所需要使用的持久化权限DataAbility.DATA之后，开始对Data进行编程，代码如下。

```
package com.example.myapplication_06;

import com.example.myapplication_06.entity.School;
```

```java
import com.example.myapplication_06.entity.Student;
import ohos.aafwk.ability.Ability;
import ohos.aafwk.content.Intent;
import ohos.data.DatabaseHelper;
import ohos.data.dataability.DataAbilityUtils;
import ohos.data.orm.OrmContext;
import ohos.data.orm.OrmPredicates;
import ohos.data.resultset.ResultSet;
import ohos.data.rdb.ValuesBucket;
import ohos.data.dataability.DataAbilityPredicates;
import ohos.hiviewdfx.HiLog;
import ohos.hiviewdfx.HiLogLabel;
import ohos.utils.net.Uri;

public class MyDataAbility extends Ability {    //01
    private static final HiLogLabel LABEL_LOG = new HiLogLabel(3, 0xD001100,
"Demo");

    private OrmContext ormContext;//数据库的资源句柄    //02

    @Override
    public void onStart(Intent intent) {
        super.onStart(intent);
        HiLog.info(LABEL_LOG, "MyDataAbility onStart");
        DatabaseHelper databaseHelper = new DatabaseHelper(this);    //03
        ormContext = databaseHelper.getOrmContext("School","School.db",
School.class);    //04

    }
    @Override
    public int insert(Uri uri, ValuesBucket value) {
        HiLog.error(LABEL_LOG, "MyDataAbility insert");
        if (ormContext == null ||
(!uri.getDecodedPathList().get(1).equals("Student"))){    //05
            HiLog.error(LABEL_LOG, uri.getDecodedPathList().get(1));
            HiLog.error(LABEL_LOG, "MyDataAbility insert ormContext != null &&
!uri Right");
            return -1;
        } else {
            HiLog.error(LABEL_LOG, "MyDataAbility insert ormContext == null &&
```

```
uri Right");
    }
    Student student = new Student();   //06
    student.setAge(value.getString("age"));
    student.setGender(value.getBoolean("gender"));

    boolean insert = ormContext.insert(student);   //07
    boolean flush = ormContext.flush();   //08
    if (insert && flush){   //09
        return student.getStudentId();   //10
    } else {
        return -1;
    }
}
@Override
public ResultSet query(Uri uri, String[] columns, DataAbilityPredicates predicates) {
    if (ormContext == null) {
        HiLog.error(LABEL_LOG, "failed to query, ormContext is null");
        return null;
    }

    // 查询数据库
    OrmPredicates ormPredicates = DataAbilityUtils.createOrmPredicates(predicates,Student.class);   //11
    ResultSet resultSet = ormContext.query(ormPredicates, columns);   //12
    if (resultSet == null) {
        HiLog.info(LABEL_LOG, "resultSet is null");
    }
    // 返回结果
    return resultSet;
}
}
```

代码01释义：MyDataAbility同样需要继承Ability基类。

代码02释义：OrmContext是数据库上下文资源。

代码03释义：DatabaseHelper提供多模式数据访问框架以在数据库中操作应用程序数据。此类提供了构造和删除ORM数据库、RDB、首选项数据库的方法。DatabaseHelper是数据库场景中的主要条目类，入参为Context，Context提供应用程序中对象的上下文并获得应用程序环境信息。开发者可以使用上下文来获取资源、启动能力、创建或获取任务调度程序、获取有关应用程序的捆绑和运行信息等。此处输入getContex()与this皆可。

代码04释义：可以调用getOrmContext()方法在ORM数据库中添加、删除、更新和查询数据。（要删除数据库文件，请使用指定的数据库名称调用deleteRdbStore(java.lang.String)方法。）此方法中3个入参分别是库名称、库文件、库映射类。这个库文件是虚拟的，实际通过insert()方法插入数据之后，库文件不需要开发者进行管理，它是由HarmonyOS自行管理的文件，随意起名即可。

代码05释义：首先判断在onStart()方法中是否正确创建了ormContext对象，如果没有创建则说明应用程序抛出了异常，直接返回-1即可。URI（Uniform Resource Identifier，统一资源标识符）会在之后创建的MainAbilitySlice对象中由开发者输入。Data的提供方和使用方都通过URI来标识一个具体的数据，例如数据库中某个表或某个磁盘上的文件。HarmonyOS的URI仍基于URI公有标准，格式如图4-4所示。

```
scheme://[authority]/[path][?query][#fragment]
```
协议方案名　　设备ID　　资源路径　　查询参数　　访问的子资源

图4-4

URI详解如下。

scheme：协议方案名，固定为dataability，代表Data所使用的协议类型。

authority：设备ID。如果为跨设备场景，则为目标设备的ID；如果为本地设备场景，则不需要填写。

path：资源的路径信息，代表特定资源的位置信息。

query：查询参数。

fragment：可以用于指示要访问的子资源。

可以在config.json中找到初始的URI，如下。

```
"abilities": [
  {
    "skills": [
{
  "entities": [
"entity.system.home"
  ],
  "actions": [
"action.system.home"
  ]
}
  ],
```

```json
      "orientation": "unspecified",
      "name": "com.example.myapplication_06.MainAbility",
      "icon": "$media:icon",
      "description": "$string:mainability_description",
      "label": "$string:entry_MainAbility",
      "type": "page",
      "launchType": "standard"
    },
    {
  "permissions": [
    "com.example.myapplicaton_06.DataAbilityShellProvider.PROVIDER"
  ],
  "name": "com.example.myapplication_06.MyDataAbility",
  "icon": "$media:icon",
  "description": "$string:mydataability_description",
  "type": "data",
  "visible": true,
  "uri": "dataability://com.example.myapplication_06.MyDataAbility"
    }
  ],
  "reqPermissions": [
    { "name": "com.example.myapplication_06.DataAbility.DATA" },
    { "name": "ohos.permission.READ_USER_STORAGE" },
    { "name": "ohos.permission.WRITE_USER_STORAGE" }
  ]
```

该 URI 为 "dataability://com.example.myapplicaton_06.MyDataAbility"，由于本实战会调用本机的数据库，所以需要将 URI 改写为 "dataability:///com.example.myapplicaton_06.MyDataAbility"，多加了一个 "/"，直接把更改后的 URI 通过 String 类型复制存储到一个常量类里即可。URI 示例如下。

跨设备场景：dataability://device_id/com.domainname.dataability.persondata/person/10
本地设备：dataability:///com.domainname.dataability.persondata/person/10
说明：本地设备的 device_id 字段为空，因此在 dataability: 后面有 3 个 "/"。

在本实战中通过 URI.getDecodedPathList() 获得的是解码之后的表名集合，由于本实战中只使用了一个 Student 表，所以直接使用 get(1) 的方式获取表名即可。获取表名并且确定表名正确后，可进入下一步。正常开发可能涉及多个表，所以只需要对 get(1) 方式进行简单改写即可。

代码 06 释义：创建实体映射类对象 student，并对其进行相应赋值。

代码 07 释义：新增数据时只需要直接将赋值后的实体映射类对象放置到 ormContext 之中即可。

代码 08 释义：将未保存的数据更改写入数据库中。之前调用 insert() 时只将数据写进了缓存里，

flush()代表实际写入。在调用insert()、update()、delete()函数之后都需要调用flush()函数进行实际写入。

代码09释义：确定实际写入成功。

代码10释义：如果当前数值写入成功的话，返回该值的studentId。

代码11释义：DataAbilityUtils是一个实用工具类，为数据库操作提供静态方法。DataAbilityUtils提供接口以从数据属性预称对象创建OrmPredicates 和RdbPredicates对象。OrmPredicates是ORM数据库的谓词，此类用于确定ORM数据库中的条件表达式的值为true或false。简单来说OrmPredicates 就是Data的查询条件。DataAbilityPredicates 提供实现不同查询方法的谓词。DataAbilityPredicates 允许应用程序用完全匹配、模糊匹配或聚合方法查询数据。OrmPredicates需要DataAbilityPredicates 构成完整的查询条件。

代码12释义：使用OrmContext通过columns（列名）、ormPredicates（查询条件）得到相应的resultSet（结果集）。

4.6.6 编写MainAbilitySlice

编写MainAbilitySlice，代码如下。

```java
package com.example.myapplication_06.slice;

import com.example.myapplication_06.ResourceTable;
import com.example.myapplication_06.entity.Student;
import ohos.aafwk.ability.AbilitySlice;
import ohos.aafwk.ability.DataAbilityHelper;
import ohos.aafwk.ability.DataAbilityRemoteException;
import ohos.aafwk.content.Intent;
import ohos.agp.components.Button;
import ohos.agp.utils.LayoutAlignment;
import ohos.agp.window.dialog.ToastDialog;
import ohos.data.dataability.DataAbilityPredicates;
import ohos.data.rdb.ValuesBucket;
import ohos.data.resultset.ResultSet;
import ohos.hiviewdfx.HiLog;
import ohos.hiviewdfx.HiLogLabel;

import ohos.utils.net.Uri;

import java.util.ArrayList;

public class MainAbilitySlice extends AbilitySlice {
    public String MyDataAbilityURI =
"dataability:///com.example.myapplication_06.MyDataAbility";    //01
```

```java
    private static final HiLogLabel LABEL_LOG = new HiLogLabel(3, 0xD001100,
"MainAbilitySlice");

    @Override
    public void onStart(Intent intent) {
        super.onStart(intent);
        super.setUIContent(ResourceTable.Layout_ability_main);

        Button button01 = (Button)findComponentById(ResourceTable.Id_button_01);
        button01.setClickedListener(component -> {   //02
            DataAbilityHelper helper = DataAbilityHelper.creator(this);//根据对应的URI访问Ability   //03
            Uri uri = Uri.parse(MyDataAbilityURI+"/Student");   //04
            ValuesBucket valuesBucket = new ValuesBucket();   //05
            valuesBucket.putBoolean("gender",true);
            valuesBucket.putString("age","16");
            try {
                int insert = helper.insert(uri, valuesBucket);   //06
                myShow("insert",String.valueOf(insert));   //07
            } catch (DataAbilityRemoteException e) {
                HiLog.error(LABEL_LOG, e.toString());
                e.printStackTrace();
            }
        });

        Button button02 = (Button)findComponentById(ResourceTable.Id_button_02);
        button02.setClickedListener(component -> {
            DataAbilityHelper helper = DataAbilityHelper.creator(this);
            //根据对应的URI访问Ability
            Uri uri = Uri.parse(MyDataAbilityURI+"/Student");
            DataAbilityPredicates predicates = new DataAbilityPredicates();   //08
            try {
                ResultSet query = helper.query(uri, new String[]{"studentId",
"gender", "age"}, predicates);   //09
                query.goToFirstRow();   //10
                int rowCount = query.getRowCount();   //11
                ArrayList<Student> students = new ArrayList<>();
                for(int i=0;i<rowCount;i++){   //12
                    int studentId =
query.getInt(query.getColumnIndexForName("studentId"));   //13
                    String age =
```

```
query.getString(query.getColumnIndexForName("age"));
                    String gender =
query.getString(query.getColumnIndexForName("gender"));
                    //此处的boolean有些特殊。
                    //putBoolean时,true会自动转化为1,false会自动转化为0
                    students.add(new Student(studentId,age,gender.equals("1")));
                    query.goToNextRow();    //14
                }
                query.close();    //15
                myShow("query",String.valueOf(students));
            } catch (DataAbilityRemoteException e) {
                e.printStackTrace();
            }
        });
    }

    void myShow(String method,String message){
        ToastDialog toastDialog = new ToastDialog(this);
        toastDialog.setText("已经使用"+method+"():"+message);
        toastDialog.setAlignment(LayoutAlignment.CENTER);
        toastDialog.show();
    }

    @Override
    public void onActive() {
        super.onActive();
    }

    @Override
    public void onForeground(Intent intent) {
        super.onForeground(intent);
    }
}
```

代码01释义：将config.json中更改后的uri的值写入一个变量之中，方便之后调用，只需要复制更改后的uri的值即可。

代码02释义：获取界面上的按钮，并给按钮增加单击事件监听器。

代码03释义：使用DataAbilityHelper帮助应用程序访问数据。可以调用creator(OhoS.App.context)来创建一个可解密的提示实例，而无须指定URI或调用creator(OhoS.App.context, OhoS.utils.net.URI, Boolean)以创建一个带给定URI的URI。

代码 04 释义：当开发者要使用 URI 访问数据时需要增加其结尾内容，例如本实战中的代码+"/Student"，在之前编写的 Data 之中使用了 uri.getDecodedPathList().get(1) 进行获取，最终得到的数据等于"Student"。

代码 05 释义：ValuesBucket 是一个键值对的实体类，与 JSON 相似，用来存放并管理数据。在 insert()、update() 函数执行时规定使用 ValuesBucket 对数据进行传输。

代码 06 释义：通过 helper.insert() 函数将之前准备好的 URI 与 ValuesBucket 放置到 insert 中，此代码会直接调用之前开发者重写的 MyDataAbility 的 insert() 函数之中。

代码 07 释义：通过之前实战学到的弹窗功能，将本次插入操作成功后得到的 studentId 弹出到界面上供用户查看。

代码 08 释义：在 MyDataAbility 类中 DataAbilityPredicates 是作为 query() 函数的入参存在的，而这里要用于编写入参的位置，目前开发并没有使用等于、大于、小于等条件，所以只需要放置一个空对象即可。

代码 09 释义：在 MyDataAbility 类中 query() 函数入参如下，在 MainAbilitySlice 中使用通过 new string[]{"studentId", "gender", "age"} 创建的数组存放需要查询的列名，直接传入列名即可。

```
public ResultSet query(Uri uri, String[] columns, DataAbilityPredicates predicates)
```

代码 10 释义：将 ResultSet 指针调整到查询结果的第一行，可以理解为将指针调整到了二维表的第一行。

代码 11 释义：查询结果的总行数。

代码 12 释义：使用 for 循环遍历 ResultSet 结果集，将结果集转化为 ArrayList<Student> 方便对结果进行使用。

代码 13 释义：getColumnIndexForName(String columnName) 基于指定的列名获取列索引。getInt() 用于获取 int 类型的索引。

代码 14 释义：goToNextRow() 用于将指针切换到表的下一行，如果不切换的话，在循环内会不断查找第一行的数据。

代码 15 释义：在结果集上调用 close() 方法将释放所有资源并使结果集无效。一定要释放资源，否则可能出现内存溢出之类的异常。

4.6.7 展示效果

启动模拟器，运行应用程序，单击 Ability 本地存储数据按钮，如图 4-5 所示，弹窗返回结果为"已经使用 insert()：1"，即返回 studentId 为 1。

再次单击 Ability 本地存储数据按钮，如图 4-6 所示，弹窗返回结果为"已经使用 insert()：2"，即返回 studentId 为 2。

单击 Ability 本地读取数据按钮，将会返回之前存储的两串数据如图 4-7 所示。弹窗返回为 true，一共返回了 2 条数据。

第4章　Data Ability 开发

图 4-5

图 4-6

图 4-7

4.6.8　项目结构

整体项目结构如图 4-8 所示。

图 4-8

4.7　课后习题

（1）Data 是用来做什么的？

（2）如何对 Data 进行创建、操作、注册？

（3）HarmonyOS 项目在开发过程中需要在哪个文件中引入相关 JAR 包？

第 5 章　Java UI 框架的组件

5.1　Java UI 组件

应用中所有的 UI 元素都是由 Component 和 ComponentContainer 对象构成的。Component 是绘制在屏幕上的一个对象，用户能与之交互。ComponentContainer 是一个用于容纳其他 Component 和 ComponentContainer 对象的容器。

Java UI 框架提供了一部分 Component 和 ComponentContainer 的具体子类，即创建 UI 的各类工具，包括一些常用的组件（比如文本、按钮、图片、列表等）和常用的布局（比如 DirectionalLayout 和 DependentLayout 等）。用户可通过组件与系统进行交互操作，并获得系统的响应。所有的 UI 操作都应该在主线程进行。

HarmonyOS 提供了 Ability 和 AbilitySlice 两个基础类，一个有界面的 Ability 可以由一个或多个 AbilitySlice 构成，AbilitySlice 主要用于承载单个页面的具体逻辑实现和 UI 实现，是应用显示、运行和跳转的最小单元。AbilitySlice 通过 setUIContent() 为界面设置布局。

5.2　Java UI 框架的组件概述

UI 元素统称为组件，组件根据一定的层级结构进行组合形成布局。组件在未被添加到布局中时，既无法显示也无法交互，因此一个 UI 至少包含一个布局。在 Java UI 框架中，具体的布局类在命名时通常以 "Layout" 作为结尾。完整的 UI 可以是一个布局，UI 中的一部分也可以是一个布局。布局中可容纳 Component 与 ComponentContainer 对象。

5.2.1　Component 和 ComponentContainer

Component 提供内容显示，是界面中所有组件的基类。开发者可以通过给 Component 设置事件处理回调方法来创建可交互的组件。组件一般直接继承 Component 或它的子类，如 Text、Image 等。

ComponentContainer作为容器容纳Component或ComponentContainer对象，并对它们进行布局。Java UI框架提供了一些具有标准布局功能的容器，它们继承自ComponentContainer，一般以"Layout"结尾，如DirectionalLayout、DependentLayout等。图5-1所示为ComponentContainer和Component的结构。

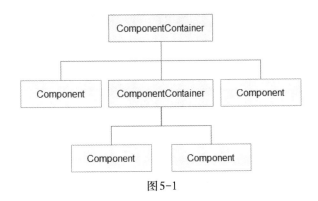

图5-1

5.2.2 LayoutConfig

每种布局都根据自身特点提供LayoutConfig为子Component设定布局属性，通过指定布局属性可以对子Component在布局中的显示效果进行约束。例如：width、height是最基本的布局属性，它们可用于指定组件的大小。示例如图5-2所示。

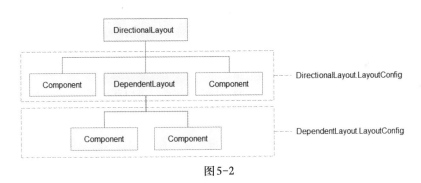

图5-2

5.2.3 组件树

把Component和ComponentContainer以树状的层级结构进行组织，这样的组织形式就称为组件树。组件树的特点是仅有一个根组件，其他组件有且仅有一个父节点，组件之间的关系受到父节点的规则约束。

5.2.4 常见组件

- Text 是用来显示字符串的组件，在界面上显示为一块文本区域。Text 作为一个基本组件，有很多扩展，常见的有按钮组件 Button、文本输入框组件 TextField 等。
- Button 是一种常见的组件，单击它可以触发对应的操作。它通常由文本或图标组成，也可以由图标和文本共同组成。
- TextField 是一种文本输入框组件。
- Image 是用来显示图片的组件。
- TabList 可以实现多个页签的切换，Tab 为某个页签。页签通常放在页面内容区上方，用于展示不同的分类。页签名称应该简洁明了，清晰描述分类的内容。
- Picker 是滑动选择器，允许用户从预定义范围中进行选择。
- DatePicker 是日期选择器。
- TimePicker 是时间选择器。
- Switch 是用来切换单个设置的开、关两种状态的组件。
- RadioButton 用于执行多选一的操作，需要搭配 RadioContainer 使用，实现单选效果。
- RadioContainer 是 RadioButton 的容器，保证其包裹的 RadioButton 只有一个被选中。
- Checkbox 可以用于实现选中和取消选中的功能。
- ProgressBar 用于显示内容的阅读进度或操作的执行进度。
- RoundProgressBar 继承自 ProgressBar，拥有 ProgressBar 的属性，在设置同样的属性时用法和 ProgressBar 一致，用于通过环形显示进度。
- ToastDialog 是窗口的弹窗，用于显示通知。ToastDialog 会在显示一段时间后消失，在它的显示期间，用户还可以操作当前窗口的其他组件。
- PopupDialog 是气泡对话框，是覆盖在当前界面之上的，可以相对某个组件或者整个屏幕显示。它在显示时会获取焦点，中断用户操作，用户无法与被覆盖的其他组件交互。气泡对话框内容一般都是简单明了的。气泡对话框也可用于提示一些需要用户确认的信息。
- CommonDialog 是一种在它消失之前，用户无法操作界面其他内容的对话框，通常用来展示用户当前需要的或用户必须关注的信息或操作。对话框的内容通常是由不同组件进行组合布局的，如文本、列表、文本输入框、网格、图标或图片等。
- ScrollView 是一种带滚动功能的组件，它通过滑动页面的方式在有限的区域内显示更多的内容。
- ListContainer 是用来呈现连续、多行数据的组件，包含一系列相同类型的列表项。
- PageSlider 是用于页面切换的组件，它通过响应滑动事件完成页面的切换。
- PageSliderIndicator，需配合 PageSlider 使用，用于指示当前展示的页面是 PageSlider 中的哪个界面。
- WebView 用于提供在应用中集成 Web 页面的能力。

5.2.5 组件的公有属性

Component是所有组件的基类。Component支持的XML属性，其他组件都支持，这些属性也可以在Java代码中进行控制。组件的公有属性如下。

- id：组件的ID，用于识别不同组件对象，是每个组件的唯一标识。示例：ohos:id="$+id:component_id"。
- theme：样式，仅可引用pattern资源。示例：ohos:theme="$pattern:button_pattern"。
- width：宽度，必填项。
- height：高度，必填项，用法与width类似。
- min_width：最小宽度，float类型，如ohos:min_width="20vp"。
- min_height：最小高度，float类型，如ohos:min_height="20vp"。
- alpha：透明度，float类型，它可以是浮点数值，也可以引用float资源。取值需大于0.0f，默认值为1.0f。示例：ohos:alpha="0.86"。
- clickable：用于设置组件是否可单击，boolean类型，它可以是true或false，也可以引用boolean资源。示例：ohos:clickable="true"。
- long_click_enabled：是否支持长单击。用法与clickable类似，使用boolean资源。示例：ohos:long_click_enabled="$boolean:true"。
- enabled：用于设置组件是否启用，用法与clickable类似。
- visibility：用于设置组件的可见性，该属性有多种取值，如visible表示组件可见；invisible表示组件不可见，但仍然占用布局空间；hide表示组件不可见，且不占用布局空间。示例：ohos:visibility="visible"、ohos:visibility="invisible"、ohos:visibility="hide"。
- layout_direction：用于定义组件的水平布局方向，该属性有多种取值，如ltr表示布局方向为水平方向，从左到右；rtl表示布局方向为水平方向，从右到左；inherit表示继承父组件的水平布局方向；locale表示布局方向跟随系统设置。示例：ohos:layout_direction="ltr"、ohos:layout_direction="rtl"、ohos:layout_direction="inherit"、ohos: layout_direction="locale"。
- background_element：背景图层，Element类型，它可以是颜色值，也可以引用color资源或引用media、graphic下的图片资源。示例：ohos:background_element="#FF000000"、ohos:background_element="$color:black"、ohos:background_element="$media:media_src"、ohos:background_element="$graphic:graphic_src"。
- foreground_element：前景图层，用法与background_element类似。
- component_description：可以是字符串，也可以引用string资源。示例：ohos:component_description="test"、ohos:component_description="$string:test_str"。
- padding：内边距，float类型。它可以是浮点数值，其默认单位为px；也可以是以px、vp、fp为单位的浮点数值；还可以引用float资源。padding与left_padding、right_padding、start_padding、

end_padding、top_padding、bottom_padding 属性有冲突，不建议一起使用。在同时配置时，left_padding、right_padding、start_padding、end_padding、top_padding、bottom_padding 优先级高于 padding 属性。示例：ohos:padding="20"、ohos:padding="20vp"、ohos:padding="$float:padding_value"。

- left_padding：左内边距，用法与 padding 类似。
- start_padding：前内边距，用法与 padding 类似。
- right_padding：右内边距，用法与 padding 类似。
- end_padding：后内边距，用法与 padding 类似。
- top_padding：上内边距，用法与 padding 类似。
- bottom_padding：下内边距，用法与 padding 类似。
- margin：外边距，用法与 padding 类似。
- left_margin：左外边距，用法与 padding 类似。
- start_margin：前外边距，用法与 padding 类似。
- right_margin：右外边距，用法与 padding 类似。
- end_margin：后外边距，用法与 padding 类似。
- top_margin：上外边距，用法与 padding 类似。
- bottom_margin：下外边距，用法与 padding 类似。
- scrollbar_thickness：滚动条的厚度，float 类型。它可以是浮点数值，其默认单位为 px；可以是以 px、vp、fp 为单位的浮点数值；还可以引用 float 资源。示例：ohos:scrollbar_thickness="$float:size_value"。
- scrollbar_start_angle：滚动条的起始角度，用法与 scrollbar_thickness 类似。
- scrollbar_sweep_angle：滚动条的扫描角度，用法与 scrollbar_thickness 类似。
- scrollbar_background_color：滚动条背景颜色，它可以是颜色值，也可以引用 color 资源。示例：ohos:scrollbar_background_color="#A8FFFFFF"、ohos:scrollbar_background_color="$color:black"。
- scrollbar_color：滚动条颜色，它与 scrollbar_background_color 类似。
- scrollbar_fading_enabled：滚动条是否会渐隐，boolean 类型。
- scrollbar_overlap_enabled：滚动条是否可以重叠，boolean 类型。
- scrollbar_fading_delay：滚动条渐隐前的延迟时间，单位为 ms。它可以是整型数值，也可以引用 Integer 资源。
- scrollbar_fading_duration：滚动条渐隐时长，单位为 ms。它可以是整型数值，也可以引用 Integer 资源。
- pivot_x：旋转点在 x 轴上的位置。它可以是浮点数值，默认单位为 px；也可以是以 px、vp、fp 为单位的浮点数值；还可以引用 float 资源。示例：ohos:pivot_x="20"、ohos:pivot_x="$float:value"。
- pivot_y：旋转点在 y 轴上的位置，用法与 pivot_x 类似。

- rotate：围绕组件中心点旋转的角度，它可以是浮点数值，也可以引用float资源。
- scale_x：组件在x轴方向的缩放级别，用法与pivot_x类似。
- scale_y：组件在y轴方向的缩放级别，用法与pivot_x类似。
- translation_x：组件在x轴方向移动的距离，用法与pivot_x类似。
- translation_y：组件在y轴方向移动的距离，用法与pivot_x类似。
- focusable：用于设置组件是否可获焦。该属性有多种取值，如focus_disable表示组件不可获焦；focus_adaptable表示组件获焦状态由组件自身默认特性决定；focus_enable表示组件可以获焦。

  示　例：ohos:focusable="focus_disable"、ohos:focusable="focus_adaptable"、ohos:focusable="focus_enable"。
- focus_border_radius：焦点边框圆角半径，用法与pivot_x类似。
- focus_border_enable：用于设置组件是否有焦点边框，它可以是true或false，也可以引用boolean资源。
- focus_border_width：焦点边框宽度，用法与height类似。
- focus_border_padding：焦点边框的边距，用法与height类似。
- focusable_in_touch：触摸状态下，它可以是true或false，也可以引用boolean资源。

当然，以上公有属性也可以通过以下函数进行设置。
- setMarginTop(int top)：设置组件的上外边距。
- setMarginBottom(int buttom)：设置组件的下外边距。
- setMarginLeft(int left)：设置组件的左外边距。
- setMarginRight(int right)：设置组件的右外边距。
- setMarginsLeftAndRight(int left,int right)：同时设置组件的左外边距和右外边距。
- SetMarginsTopAndBottom(int top,int bottom)：同时设置组件的上外边距和下外边距。
- setPaddingTop(int top)：设置组件的上内边距。
- setPaddingBottom(int bottom)：设置组件的下内边距。
- setPaddingLeft(int left)：设置组件的左内边距。
- setPaddingRight(int right)：设置组件的右内边距。
- setHorizontalPadding(int left,int right)：同时设置组件的左内边距和右内边距。
- setVerticalPadding(int top,int bottom)：同时设置组件的上内边距和下内边距。
- setPadding(int left,int top,int right,int bottom)：同时设置组件在左侧、上侧、右侧和下侧的内边距。
- setPaddingRelative(int start,int top,int end,int bottom)：同时设置组件在起始侧、上侧、结束侧、下侧的内边距。

其中内边距和外边距的示意如图5-3所示。

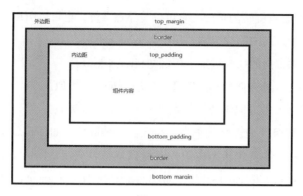

图 5-3

5.2.6 组件的交互与事件

组件主要包含两种监听器，用户操作类监听器及状态驱动类监听器。用户操作类监听器根据操作方式的不同，可分为按键类监听器和触摸类监听器。触摸类监听器又可以分为单击事件监听器和手势事件监听器。组件基类Component定义的事件类型及监听器如下。

- 按键类监听器在触发按键事件时会调用setKeyEventListener()方法。
- 触摸类监听器在触发触摸事件时会调用setTouchEventListener()方法。
- 触摸类监听器在触发单击事件时会调用setClickedListener()方法。
- 触摸类监听器在触发双击事件时会调用setDoubleClickedListener()方法。
- 触摸类监听器在触发长按事件时会调用setLongClickedListener()方法。
- 触摸类监听器在触发拖动事件时会调用setDraggedListener()方法。
- 触摸类监听器在触发旋转事件时会调用setRotationEventListener()方法。
- 触摸类监听器在触发缩放事件时会调用setScaledListener()方法。
- 触摸类监听器在触发滑动事件时会调用setScrolledListener()方法。
- 状态驱动类监听器在触发绑定状态变化事件时会调用setBindStateChangedListener()方法。
- 状态驱动类监听器在触发组件状态变化事件时会调用setComponentStateChangedListener()方法。
- 状态驱动类监听器在触发焦点变化时会调用setFocusChangedListener()方法。

示例代码如下。

```
Button button01 = (Button)findComponentById(ResourceTable.Id_button_01);
button01.setComponentStateChangedListener(new Component.
ComponentStateChangedListener() {
    @Override
    public void onComponentStateChanged(Component component, int i) {
```

```
        }
});
```

使用Lambda表达式可以改写上面的代码，如下。

```
Button button02 = (Button)findComponentById(ResourceTable.Id_button_02);
button02.setComponentStateChangedListener((component, i) -> {

});
```

5.3 【实战】体验Image放大与缩小

5.3.1 实战目标

（1）理解公有与私有属性。

（2）实现通过单击第一张图片，将第一张图片改变成第二张图片这个功能。

Image的公有属性继承自Component，即5.2.5小节介绍的公有属性。其私有属性包括clip_alignment、image_src、scale_mode，说明如下。

- clip_alignment用于设置图像裁剪对齐方式，该属性有多种取值，如left表示按左对齐裁剪；right表示按右对齐裁剪；top表示按顶部对齐裁剪；bottom表示按底部对齐裁剪；center表示按居中对齐裁剪。示例：ohos:clip_alignment="left"、ohos:clip_alignment="right"。

- image_src用于设置图像，Element类型。它可以是色值，也可以引用color资源或引用media、graphic下的图片资源。示例：ohos:image_src="#FFFFFFFF"、ohos:image_src="$color:black"、ohos:image_src="$media:warning"、ohos:image_src="$graphic:graphic_src"。

- scale_mode用于设置图像缩放类型，该属性有多种取值，如zoom_center表示将原图按照比例缩放到与Image最窄边一致，并居中显示；zoom_start表示将原图按照比例缩放到与Image最窄边一致并靠起始端显示；zoom_end表示将原图按照比例缩放到与Image最窄边一致，并靠结束端显示；stretch表示将原图缩放到与Image大小一致；center表示不缩放，按Image大小显示原图中间部分；inside表示将原图按比例缩放到与Image相同或更小的尺寸并居中显示；clip_center表示将原图按比例缩放到与Image相同或更大的尺寸并居中显示。

5.3.2 传入图片到项目之中

只需要将图片传入resource→base→media文件夹即可，如图5-4所示。

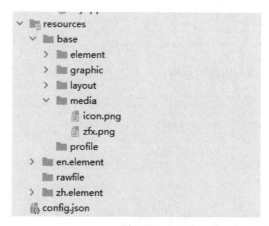

图 5-4

5.3.3 通过 XML 显式编写页面

在 resource→base→layout 文件夹下创建文件并命名为 ability_main.xml，代码如下。

```xml
<?xml version="1.0" encoding="utf-8"?>
<DirectionalLayout
    xmlns:ohos="http://schemas.huawei.com/res/ohos"
    ohos:height="match_parent"
    ohos:width="match_parent"
    ohos:alignment="center"
    ohos:orientation="vertical">

    <Image ohos:id="$+id:image1"
        ohos:height="500"
        ohos:width="500"
        ohos:background_element="black"
        ohos:image_src="$media:zfx"
    />
</DirectionalLayout>
```

该代码的运行效果中可能含有黑色背景，即图片并不是完全方正的，如果希望将图片拉伸成代码中设置的 500×500，则需要使用 ohos:scale_mode 属性，设置 ohos:scale_mode="clip_center" 即可实现拉伸效果。

Image 的公有属性继承自 Component，它有以下私有属性。

- clip_alignment：对齐方式。它的取值包括 left、right、top、bottom、center。
- image_src：图像地址。本示例中使用 $media:zfx 作为该属性的值，表示指向 media 文件夹中的 zfx.

png图片。

- scale_mode：图片缩放类型。本示例中可以将该属性的值更改为clip_center，表示将引用的原图按比例缩放到与Image相同或更大的尺寸，并居中显示。

5.3.4 通过AbilitySlice管理页面

更改com.example.myapplication_07.slice.MainAbilitySlice文件，代码如下。

```java
package com.example.myapplication_07.slice;

import com.example.myapplication_07.ResourceTable;
import ohos.aafwk.ability.AbilitySlice;
import ohos.aafwk.content.Intent;
import ohos.agp.components.*;

public class MainAbilitySlice extends AbilitySlice {

    @Override
    public void onStart(Intent intent) {
        super.onStart(intent);
        super.setUIContent(ResourceTable.Layout_ability_main);

        Image image1 = (Image)findComponentById(ResourceTable.Id_image1);
        image1.setClickedListener(component -> {
            if (image1.getHeight() == 500){
                image1.setHeight(1000);
                image1.setWidth(1000);
            } else {
                image1.setHeight(500);
                image1.setWidth(500);
            }
        });
    }
}
```

此处通过image1对象获取heigh和width属性，如果height属性的值等于500则将height和width属性的值设置为1000，否则将它们设置为500。

5.3.5 展示效果

在模拟器中运行本项目，如图5-5所示。单击模拟器中的图片后，界面内容如图5-6所示。再次单击图片，界面转换为图5-5所示内容。

图5-5

图5-6

5.3.6 项目结构

整体项目结构如图5-7所示。

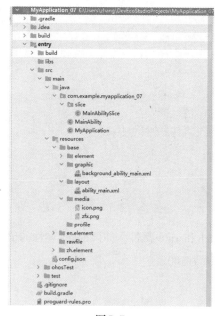
图5-7

5.4 【实战】体验使用TabList编写仿微信页面

5.4.1 实战目标

本节实战的目标是编写微信页面上的4个页签。

5.4.2 通过XML显式编写页面

在 resource→base→layout 文件夹下创建文件并命名为 ability_main.xml，代码如下。

```xml
<?xml version="1.0" encoding="utf-8"?>
<DirectionalLayout
    xmlns:ohos="http://schemas.huawei.com/res/ohos"
    ohos:width="match_parent"
    ohos:height="match_parent"
    ohos:top_margin="15vp"
    ohos:orientation="vertical">
    <TabList
        ohos:id="$+id:tab_list"
        ohos:top_margin="10vp"
        ohos:tab_margin="24vp"
        ohos:tab_length="140vp"
        ohos:text_size="20fp"
        ohos:height="36vp"
        ohos:width="match_parent"
        ohos:layout_alignment="center"
        ohos:orientation="horizontal"
        ohos:text_alignment="center"
        ohos:normal_text_color="#999999"
        ohos:selected_text_color="blue"
        ohos:tab_indicator_type="bottom_line"
        ohos:selected_tab_indicator_color="#afaafa"
        ohos:selected_tab_indicator_height="2vp"/>
    <Text
        ohos:id="$+id:tab_content"
        ohos:width="match_parent"
        ohos:height="match_parent"
        ohos:text_alignment="center"
        ohos:text_color="#2e2e2e"
        ohos:text_size="16fp"/>
</DirectionalLayout>
```

5.4.3 通过AbilitySlice管理页面

com.example.myapplication_08.slice.MainAbilitySlice 文件，代码如下。

```java
package com.example.myapplication_08.slice;


import com.example.myapplication_08.ResourceTable;
import ohos.aafwk.ability.AbilitySlice;
import ohos.aafwk.content.Intent;
import ohos.agp.components.TabList;
import ohos.agp.components.Text;

public class MainAbilitySlice extends AbilitySlice {

    Text tabContent;
    TabList tabList;

    @Override
    public void onStart(Intent intent) {
        super.onStart(intent);
        super.setUIContent(ResourceTable.Layout_ability_main);
        initComponent();
        addTabSelectedListener();
    }

    private void initComponent() {      //01
        tabContent = (Text) findComponentById(ResourceTable.Id_tab_content);
        tabContent.setTextSize(100);
        tabList = (TabList) findComponentById(ResourceTable.Id_tab_list);
        initTab();
    }

    private void initTab() {     //03
        if (tabList.getTabCount() == 0) {
            tabList.addTab(createTab("微信"));
            tabList.addTab(createTab("通讯录"));
            tabList.addTab(createTab("发现"));
            tabList.addTab(createTab("我"));
            tabList.setFixedMode(true);
            tabList.getTabAt(0).select();
```

```
            tabContent.setText("进入" + tabList.getTabAt(0).getText() + "页面");
        }
    }

    private TabList.Tab createTab(String text) {        //02
        TabList.Tab tab = tabList.new Tab(this);
        tab.setText(text);
        tab.setMinWidth(64);
        tab.setPadding(12, 0, 12, 0);
        return tab;
    }

    private void addTabSelectedListener() {        //04
        tabList.addTabSelectedListener(new TabList.TabSelectedListener() {
            @Override
            public void onSelected(TabList.Tab tab) {
                tabContent.setText("进入" + tab.getText() + "页面");
            }

            @Override
            public void onUnselected(TabList.Tab tab) {
            }

            @Override
            public void onReselected(TabList.Tab tab) {
            }
        });
    }
}
```

代码01释义：初始化所有组件。

代码02释义：创建Tab并初始化相应属性。

代码03释义：通过创建intTab()函数初始化TabList并输入相关文本内容。

代码04释义：设置TabList监听器，单击某个页签时，显示当前页面的展示内容。

5.4.4 展示效果

在模拟器中运行项目，效果如图5-8所示。

图 5-8

如果单击"通讯录""发现""我"等页签,界面展示内容将会变成与对应页签的文本。

5.4.5 项目结构

整体项目结构如图 5-9 所示。

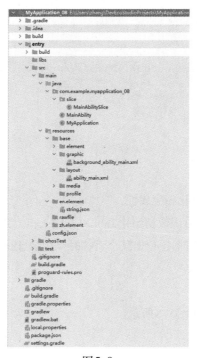

图 5-9

5.5 常见组件的实战

5.5.1 【实战】体验PageSlider组件

PageSlider是用于页面切换的组件，PageSlider通过响应滑动事件完成页面的切换。创建PageSlider组件时需要先在XML文件中编写声明。

src→main→resources→base→layout→ability_main.xml代码如下。

```xml
<?xml version="1.0" encoding="utf-8"?>
<DirectionalLayout
    xmlns:ohos="http://schemas.huawei.com/res/ohos"
    ohos:height="match_parent"
    ohos:width="match_parent"
    ohos:alignment="center"
    ohos:orientation="vertical">

    <PageSlider
        ohos:id="$+id:page_slider"
        ohos:height="300vp"
        ohos:width="300vp"
        ohos:layout_alignment="horizontal_center"/>

</DirectionalLayout>
```

PageSlider组件比较特殊，在编写声明之后需要在graphic目录下编写PageSlider内部样式。

src→main→resources→base→graphic→background_page.xml代码如下。

```xml
<?xml version="1.0" encoding="utf-8"?>
<shape xmlns:ohos="http://schemas.huawei.com/res/ohos"
       ohos:shape="rectangle">
    <corners
        ohos:radius="10vp"/>
    <solid
        ohos:color="#AFEEEE"/>
    <stroke
        ohos:width="5vp"
        ohos:color="#AAAAAA"/>
</shape>
```

不同的页面可能需要呈现不同的数据，因此需要适配不同的数据结构，创建MyPageProvider，需继承PageSliderProvider。PageSliderProvider为PageSlider组件的其中一个页面的实现，代码如下。

```java
package com.example.myapplication_09.provider;

import com.example.myapplication_09.ResourceTable;
import ohos.agp.components.*;
import ohos.agp.components.element.ShapeElement;
import ohos.agp.utils.Color;
import ohos.agp.utils.TextAlignment;
import ohos.app.Context;

import java.util.List;

public class MyPageProvider extends PageSliderProvider {
    //数据实体类
    public static class DataItem{
        String mText;
        public DataItem(String txt) {
            mText = txt;
        }
    }
    // 数据源，每个页面对应list中的一项
    private List<DataItem> list;//01
    private Context mContext; //02

    public MyPageProvider(List<DataItem> list, Context context) {
        this.list = list;
        this.mContext = context;
    }
    @Override
    public int getCount() {//03
        return list.size();
    }
    @Override
    public Object createPageInContainer(ComponentContainer componentContainer, int i) {
        final DataItem data = list.get(i);//04
        Text label = new Text(null);
        label.setTextAlignment(TextAlignment.CENTER);//05
        label.setLayoutConfig(
                new StackLayout.LayoutConfig(
                        ComponentContainer.LayoutConfig.MATCH_PARENT,
```

```
                    ComponentContainer.LayoutConfig.MATCH_PARENT
                ));//06
        label.setText(data.mText);//07
        label.setTextColor(Color.BLACK);//08
        label.setTextSize(50);//09
        label.setMarginsLeftAndRight(24, 24);//10
        label.setMarginsTopAndBottom(24, 24);//11
        ShapeElement element = new ShapeElement(mContext,
ResourceTable.Graphic_background_page);//12
        label.setBackground(element);//13
        componentContainer.addComponent(label);//14
        return label;
    }
    @Override
    public void destroyPageFromContainer(ComponentContainer componentContainer,
int i, Object o) {
        componentContainer.removeComponent((Component) o);//15
    }
    @Override
    public boolean isPageMatchToObject(Component component, Object o) {//16
        return true;
    }
}
```

创建页面入口 MainAbilitySlice 管理容器，代码如下。

```
package com.example.myapplication_09.slice;

import com.example.myapplication_09.provider.MyPageProvider;
import com.example.myapplication_09.ResourceTable;
import ohos.aafwk.ability.AbilitySlice;
import ohos.aafwk.content.Intent;
import ohos.agp.components.PageSlider;

import java.util.ArrayList;

public class MainAbilitySlice extends AbilitySlice {
    @Override
    public void onStart(Intent intent) {
        super.onStart(intent);
        super.setUIContent(ResourceTable.Layout_ability_main);
```

```
            initPageSlider();
    }

    private void initPageSlider() {
        PageSlider pageSlider = (PageSlider)
findComponentById(ResourceTable.Id_page_slider);
        pageSlider.setProvider(new MyPageProvider(getData(), this));
    }
    private ArrayList<MyPageProvider.DataItem> getData() {
        ArrayList<MyPageProvider.DataItem> dataItems = new ArrayList<>();
        dataItems.add(new MyPageProvider.DataItem("Page A"));
        dataItems.add(new MyPageProvider.DataItem("Page B"));
        dataItems.add(new MyPageProvider.DataItem("Page C"));
        dataItems.add(new MyPageProvider.DataItem("Page D"));
        return dataItems;
    }
}
```

代码01释义：DataItem是自定义编写的数据实体类，主要包含页面想要展现的文字、图像等相关信息。list中每一个DataItem元素都是单独的页面。

代码02释义：Context为HarmonyOS中的上下文类，提供应用程序中对象的上下文并获取应用程序环境信息。

代码03释义：PageSliderProvider要求必须重写getCount获取总页面数、重写createPageInContainer()在容器中创建页面、重写destroyPageFromContainer()从容器中删除页面、重写isPageMatchToObject()判断页面是否与对象相匹配。每个函数的相关逻辑内容均可自定义。

代码04释义：获得当前页面的数据实体类，在本实战中，数据实体类中只存储了字符串，实际工作中还可以存储图片路径、其他相关资源等内容。

代码05释义：setTextAlignment()，用于设置文本对齐方式，这里设置的是TextAlignment.CENTER，表示居中对齐。

代码06释义：setLayoutConfig()用于设置布局，这里在函数的参数列表中新建了一个StackLayout对象，表示创建StackLayout布局，该布局的大小为父容器的大小。

代码07释义：设置文字容器label的文字内容。

代码08释义：设置文字容器label的颜色。

代码09释义：设置文字容器label的大小。

代码10释义：设置左、右外边距。

代码11释义：设置上、下外边距。

代码12释义：创建元素样式，并将其初始化为background_page.xml中定义的样式。

代码13释义：设置文字容器label的背景样式为代码12中创建的元素样式。

代码14释义：ComponentContainer是可以包含其他组件（称为子组件）的特殊组件，它继承自Component。

代码15释义：重写destroyPageFromContainer()函数时，从入参componentContainer中删除包含的某个组件即可。

代码16释义：检查页面是否与从返回的特定对象关联，此处可以增加逻辑控制。

实现效果如图5-10所示，按住并拖动Page A界面，可切换为Page B界面。

图5-10

5.5.2 【实战】体验ScrollView组件

ScrollView是一种带滚动功能的组件，ScrollView通过滑动页面的方式在有限的区域内显示更多的内容。创建ScrollView组件时，需要先在XML文件中编写声明。

src→main→resources→base→layout→ability_main.xml代码如下。

```xml
<?xml version="1.0" encoding="utf-8"?>
<DirectionalLayout
    xmlns:ohos="http://schemas.huawei.com/res/ohos"
    ohos:height="match_parent"
    ohos:width="match_parent"
    ohos:alignment="center"
    ohos:orientation="vertical">

    <ScrollView
        ohos:id="$+id:scrollview"
        ohos:height="300vp"
        ohos:width="300vp"
        ohos:background_element="#FFDEAD"
        ohos:top_margin="32vp"
        ohos:bottom_padding="16vp"
        ohos:layout_alignment="horizontal_center">
        <DirectionalLayout
            ohos:height="match_content"
            ohos:width="match_content">
            <!-- $media:plant 为在media目录引用的图片资源 -->
```

```xml
<Image
    ohos:width="300vp"
    ohos:height="match_content"
    ohos:top_margin="16vp"
    ohos:image_src="$media:icon"/>
<Image
    ohos:width="300vp"
    ohos:height="match_content"
    ohos:top_margin="16vp"
    ohos:image_src="$media:icon"/>
<Image
    ohos:width="300vp"
    ohos:height="match_content"
    ohos:top_margin="16vp"
    ohos:image_src="$media:icon"/>
<Image
    ohos:width="300vp"
    ohos:height="match_content"
    ohos:top_margin="16vp"
    ohos:image_src="$media:icon"/>
<Image
    ohos:width="300vp"
    ohos:height="match_content"
    ohos:top_margin="16vp"
    ohos:image_src="$media:icon"/>
<Image
    ohos:width="300vp"
    ohos:height="match_content"
    ohos:top_margin="16vp"
    ohos:image_src="$media:icon"/>
<Image
    ohos:width="300vp"
    ohos:height="match_content"
    ohos:top_margin="16vp"
    ohos:image_src="$media:icon"/>
<Image
    ohos:width="300vp"
    ohos:height="match_content"
    ohos:top_margin="16vp"
    ohos:image_src="$media:icon"/>
<Image
```

```xml
        ohos:width="300vp"
        ohos:height="match_content"
        ohos:top_margin="16vp"
        ohos:image_src="$media:icon"/>
<Image
        ohos:width="300vp"
        ohos:height="match_content"
        ohos:top_margin="16vp"
        ohos:image_src="$media:icon"/>
<Image
        ohos:width="300vp"
        ohos:height="match_content"
        ohos:top_margin="16vp"
        ohos:image_src="$media:icon"/>
<Image
        ohos:width="300vp"
        ohos:height="match_content"
        ohos:top_margin="16vp"
        ohos:image_src="$media:icon"/>
</DirectionalLayout>
</ScrollView>
</DirectionalLayout>
```

展示效果如图5-11所示，此时可以滚动这些图片。

图5-11

可以把Image组件换成Buttom组件，并在Java代码里对Button组件进行按键监听，以达到滚动按钮并可进行单击的效果。

5.5.3 【实战】体验CommonDialog组件

CommonDialog是一种在它消失之前，用户无法操作界面其他内容的对话框，通常用来展示用户当前需要的或用户必须关注的信息或操作。对话框的内容通常是由不同组件进行组合布局的，如文本、列表、文本输入框、网格、图标或图片等，常用于选择或确认信息。

本实战中将在展示页面之后，通过单击Button按钮弹出CommonDialog对话框，用户必须关掉对话框才可继续操作App。

src→main→resources→base→layout→ability_main.xml代码如下。

```xml
<?xml version="1.0" encoding="utf-8"?>
<DependentLayout
    xmlns:ohos="http://schemas.huawei.com/res/ohos"
    ohos:id="$+id:custom_container"
    ohos:height="match_content"
    ohos:width="300vp"
    ohos:background_element="#F5F5F5">

    <Button
        ohos:id="$+id:button"
        ohos:height="match_content"
        ohos:width="match_parent"
        ohos:background_element="#FF9912"
        ohos:margin="8vp"
        ohos:padding="8vp"
        ohos:text="BUTTON"
        ohos:text_color="#FFFFFF"
        ohos:text_size="18vp"/>
</DependentLayout>
```

按钮的单击事件与展示CommonDialog对话框功能的实现代码如下。

```java
package com.example.myapplication_11.slice;

import com.example.myapplication_11.ResourceTable;
import ohos.aafwk.ability.AbilitySlice;
```

```
import ohos.aafwk.content.Intent;
import ohos.agp.components.*;
import ohos.agp.window.dialog.CommonDialog;
import ohos.agp.window.dialog.IDialog;

public class MainAbilitySlice extends AbilitySlice {
    @Override
    public void onStart(Intent intent) {
        super.onStart(intent);
        super.setUIContent(ResourceTable.Layout_ability_main);

        Button button = (Button)findComponentById(ResourceTable.Id_button);
        button.setClickedListener(component -> {
            CommonDialog dialog = new CommonDialog(getContext());//01
            dialog.setTitleText("提示信息");//02
            dialog.setContentText("必须关掉对话框才能回到app");//03
            dialog.setButton(IDialog.BUTTON2, "关掉对话框", (iDialog, i) -> iDialog.destroy());//04
            dialog.show(); //05
        });
    }
}
```

代码01释义：创建CommonDialog对话框，并且传入上下文对象。

代码02释义：设置对话框标题。

代码03释义：设置对话框内容。

代码04释义：原方法的定义为setButton (int buttonNum, String text, IDialog.ClickedListener listener)。

代码05释义：展示对话框。

展示效果如图5-12与图5-13所示。

图5-12　　　　图5-13

5.5.4 【实战】体验PopupDialog组件

PopupDialog是气泡对话框，是覆盖在当前界面之上的，可以相对某个组件或者整个屏幕显示。它在显示时会获取焦点，中断用户操作，用户无法与被覆盖的其他组件交互。气泡对话框内容一般都是简单明了的。气泡对话框也可用于提示一些需要用户确认的信息。

src→main→resources→base→layout→ability_main.xml代码如下。

```xml
<?xml version="1.0" encoding="utf-8"?>
<DependentLayout
    xmlns:ohos="http://schemas.huawei.com/res/ohos"
    ohos:height="match_parent"
    ohos:width="match_parent"
    ohos:background_element="#3C3F41">

    <Button
        ohos:id="$+id:target_component"
        ohos:height="match_content"
        ohos:width="match_content"
        ohos:text="Click Here"
        ohos:text_color="white"
        ohos:text_size="18fp"
        ohos:background_element="#1E90FF"
        ohos:top_padding="8vp"
        ohos:bottom_padding="8vp"
        ohos:left_padding="16vp"
        ohos:right_padding="16vp"
        ohos:top_margin="200vp"
        ohos:horizontal_center="true"/>
</DependentLayout>
```

按钮的单击事件与展示气泡对话框功能的实现代码如下。

```java
package com.example.myapplication_12.slice;

import com.example.myapplication_12.ResourceTable;
import ohos.aafwk.ability.AbilitySlice;
import ohos.aafwk.content.Intent;
import ohos.agp.components.*;
import ohos.agp.window.dialog.PopupDialog;

public class MainAbilitySlice extends AbilitySlice {
    @Override
    public void onStart(Intent intent) {
        super.onStart(intent);
        super.setUIContent(ResourceTable.Layout_ability_main);

        Component button = findComponentById(ResourceTable.Id_target_component);
        button.setClickedListener(component -> {
```

```
        PopupDialog popupDialog = new PopupDialog(getContext(), component);//01
        popupDialog.setText("This is PopupDialog");//02
        popupDialog.setHasArrow(true);//03
        popupDialog.setArrowSize(50, 30); // 设置箭头的宽和高
        popupDialog.setArrowOffset(25); // 设置箭头的偏移量
        popupDialog.show();//04
    });
   }
}
```

代码01释义：创建PopupDialog气泡对话框，并且传入上下文对象。

代码02释义：设置气泡对话框的文字内容。

代码03释义：设置气泡对话框带有尖角，默认属性值为false，即不带尖角。这个气泡对话框的尖角的大小也可以调整。

代码04释义：展示气泡对话框。

展示效果如图5-14和图5-15所示。修改尖角的代码如下，修改尖角后的展示效果如图5-16所示。

```
popupDialog.setArrowSize(100, 75); // 设置尖角的宽度和高度
popupDialog.setArrowOffset(100); // 设置尖角的偏移量
```

图5-14

图5-15

图5-16

5.5.5 【实战】体验ToastDialog组件

ToastDialog是窗口下方的弹窗，用于显示通知。ToastDialog会在显示一段时间后消失，在它的

显示里期间，用户还可以操作当前窗口的其他组件。ToastDialog 与 PopupDialog 有些类似，只是在 PopupDialog 的显示期间里用户无法操作被它覆盖的其他组件。

本实战中的 ability_main.xml 与 5.5.4 实战中的 ability_main.xml 相同，不赘述代码如下。

```xml
<?xml version="1.0" encoding="utf-8"?>
<DependentLayout
    xmlns:ohos="http://schemas.huawei.com/res/ohos"
    ohos:height="match_parent"
    ohos:width="match_parent"
    ohos:background_element="#3C3F41">

    <Button
        ohos:id="$+id:target_component"
        ohos:height="match_content"
        ohos:width="match_content"
        ohos:text="Click Here"
        ohos:text_color="white"
        ohos:text_size="18fp"
        ohos:background_element="#1E90FF"
        ohos:top_padding="8vp"
        ohos:bottom_padding="8vp"
        ohos:left_padding="16vp"
        ohos:right_padding="16vp"
        ohos:top_margin="200vp"
        ohos:horizontal_center="true"/>
</DependentLayout>
```

MainAbilitySlice 的代码如下。

```java
package com.example.myapplication_13.slice;

import com.example.myapplication_13.ResourceTable;
import ohos.aafwk.ability.AbilitySlice;
import ohos.aafwk.content.Intent;
import ohos.agp.components.*;
import ohos.agp.window.dialog.ToastDialog;

public class MainAbilitySlice extends AbilitySlice {
    @Override
    public void onStart(Intent intent) {
```

```
        super.onStart(intent);
        super.setUIContent(ResourceTable.Layout_ability_main);
        Component button = findComponentById(ResourceTable.Id_target_component);
        button.setClickedListener(component -> {
            new ToastDialog(getContext())
                    .setText("This is a ToastDialog")
                    .show();
        });
    }
}
```

展示效果如图5-17所示。

图5-17

5.5.6 【实战】体验ProgressBar组件

ProgressBar用于显示内容的阅读进度或操作的执行进度。

src→main→resources→base→layout→ability_main.xml代码如下。

```
<?xml version="1.0" encoding="utf-8"?>
<DependentLayout
```

```xml
    xmlns:ohos="http://schemas.huawei.com/res/ohos"
    ohos:height="match_parent"
    ohos:width="match_parent"
    ohos:background_element="#3C3F41">

    <ProgressBar
        ohos:id="$+id:progressbar"
        ohos:progress_width="10vp"
        ohos:height="60vp"
        ohos:width="600vp"
        ohos:max="100"
        ohos:min="0"/>
</DependentLayout>
```

控制 ProgressBar 展示进度这一功能的实现代码如下。

```java
package com.example.myapplication_14.slice;

import com.example.myapplication_14.ResourceTable;
import ohos.aafwk.ability.AbilitySlice;
import ohos.aafwk.content.Intent;
import ohos.agp.components.*;

public class MainAbilitySlice extends AbilitySlice {
    @Override
    public void onStart(Intent intent) {
        super.onStart(intent);
        super.setUIContent(ResourceTable.Layout_ability_main);//01
        ProgressBar progressBar = (ProgressBar) findComponentById(ResourceTable.Id_progressbar);
        progressBar.setProgressValue(60);//02
    }
}
```

代码 01 释义：获取在 XML 文件中定义的 ProgressBar。

代码 02 释义：设置 ProgressBar 的进度为总进度的 60%。

ProgressBar 的进度为总进度的 10% 时效果如图 5-18 所示，ProgressBar 的进度为总进度的 60% 时效果如图 5-19 所示。

图 5-18

图 5-19

5.5.7 【实战】体验 Checkbox 组件

Checkbox 可以用于实现选中和取消选中的功能。

src→main→resources→base→layout→ability_main.xml 代码如下。

```xml
<?xml version="1.0" encoding="utf-8"?>
<DependentLayout
    xmlns:ohos="http://schemas.huawei.com/res/ohos"
    ohos:height="match_parent"
    ohos:width="match_parent"
    ohos:background_element="#FFFF0000">

    <Checkbox
        ohos:id="$+id:check_box"
        ohos:height="match_content"
        ohos:width="match_content"
        ohos:text="This is a checkbox"
        ohos:text_size="20fp" />

    <Button
        ohos:id="$+id:target_component"
```

```
            ohos:height="match_content"
            ohos:width="match_content"
            ohos:text="Click Here"
            ohos:text_color="white"
            ohos:text_size="18fp"
            ohos:background_element="#1E90FF"
            ohos:top_padding="8vp"
            ohos:bottom_padding="8vp"
            ohos:left_padding="16vp"
            ohos:right_padding="16vp"
            ohos:top_margin="200vp"
            ohos:horizontal_center="true"/>
</DependentLayout>
```

获取Checkbox选中状态这一功能的实现代码如下。

```
package com.example.myapplicationj_15.slice;

import com.example.myapplicationj_15.ResourceTable;
import ohos.aafwk.ability.AbilitySlice;
import ohos.aafwk.content.Intent;
import ohos.agp.components.*;
import ohos.agp.window.dialog.ToastDialog;

public class MainAbilitySlice extends AbilitySlice {

    @Override
    public void onStart(Intent intent) {
        super.onStart(intent);
        super.setUIContent(ResourceTable.Layout_ability_main);

        Component button = findComponentById(ResourceTable.Id_target_component);
        button.setClickedListener(component -> {
            Checkbox checkbox = (Checkbox)findComponentById(ResourceTable.Id_check_box);
            if (checkbox.isChecked()){
                new ToastDialog(getContext()).setText("已选择！").show();
            } else {
                new ToastDialog(getContext()).setText("未选择！").show();
            }
        });
```

    }
}
```

展示效果如图5-20和图5-21所示。

图5-20

图5-21

## 5.6 课后习题

（1）什么是组件？

（2）布局是否是组件？组件与布局有什么关系？

（3）一个有界面的Ability需要由几个AbilitySlice构成？

（4）Component和ComponentContainer对象有什么关系？

（5）什么是公有属性？什么是私有属性？

（6）公有属性和私有属性写在哪里？可以在哪里进行更改？

（7）什么是组件的事件？

（8）PageSlider组件、ScrollView组件、CommonDialog组件、PopupDialog组件、ToastDialog组件、ProgressBar组件、Checkbox组件、TabList组件、Image组件各自的作用是什么？
```

第6章　Java UI 的布局

6.1 Java UI 框架的常用布局

在 Java UI 框架中有定向布局、依赖布局、堆叠布局、表格布局、位置布局和自适应布局这6种常用布局。这6种布局与 Android 的相应布局极为类似。

- HarmonyOS 中的定向布局 DirectionalLayout 类似 Android 中的线性布局 LinearLayout。
- HarmonyOS 中的依赖布局 DependentLayout 类似 Android 中的相对布局 RelativeLayout。
- HarmonyOS 中的堆叠布局 StackLayout 类似 Android 中的帧布局 FrameLayout。
- HarmonyOS 中的表格布局 TableLayout 类似 Android 中的表格布局 TableLayout。
- HarmonyOS 中的位置布局 PositionLayout 类似 Android 中的绝对布局 AbsoluteLayout。
- HarmonyOS 中的自适应布局 AdaptiveBoxLayout 类似 Android 中的网格布局 GridLayout。

6.1.1 DirectionalLayout 定向布局

DirectionalLayout 是 Java UI 框架中的一种重要布局，用于将一组组件按照水平或者垂直方向排布，能够方便地对齐布局内的组件。通过该布局和其他布局组合，可以实现更加丰富的布局。DirectionalLayout 的布局效果如图6-1所示。

DirectionalLayout 的 alignment 属性用于设置布局中组件的对齐方式。该属性有多种值，如 left 表示左对齐、top 表示顶部对齐、right 表示右对齐、bottom 表示底部对齐、horizontal_center 表示水平居中对齐、vertical_center 表示垂直居中对齐、center 表示居中对齐、start 表示靠起始端对齐、end 表示靠结束端对齐。可以将该属性的值设置为上述值，也可以使用"|"对上述值进行组合。示例：ohos:alignment="top|left"、ohos:alignment="left"。

DirectionalLayout 的 orientation 属性用于设置组件的排列方向。该

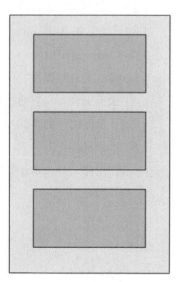

图6-1

属性的值为horizontal时表示水平方向排列布局。该属性的值为vertical时表示垂直方向排列布局。示例：ohos:orientation="horizontal"、ohos:orientation="vertical"。

DirectionalLayout 的 total_weight 属性为所有组件的权重之和。它可以直接设置为浮点数值，也可以引用float资源。示例：ohos:total_weight="2.5"、ohos:total_weight="$float:total_weight"。

同时在DirectionalLayout定向布局中的组件默认支持layout_alignment、weight两个属性，它们的作用与布局中对应属性的作用相同。

1. DirectionalLayout的排列方式

从DirectionalLayout的属性中可以看出DirectionalLayout有水平方向排列布局和垂直方向排列布局2种排列方式。

DirectionalLayout为垂直方向排列布局时的XML代码如下。

编写颜色资源文件src→main→resources→base→graphic→color_cyan_element.xml，代码如下。

```xml
<?xml version="1.0" encoding="utf-8"?>
<!-- color_cyan_element.xml-->
<shape xmlns:ohos="http://schemas.huawei.com/res/ohos" ohos:shape="rectangle">
    <solid ohos:color="#00FFFD"/>
</shape>
```

编写主页文件src→main→resources→base→layout→ability_main.xml，代码如下。

```xml
<?xml version="1.0" encoding="utf-8"?>
<DirectionalLayout
    xmlns:ohos="http://schemas.huawei.com/res/ohos"
    ohos:width="match_parent"
    ohos:height="match_content"
    ohos:orientation="vertical">
    <Button
        ohos:width="33vp"
        ohos:height="20vp"
        ohos:bottom_margin="3vp"
        ohos:left_margin="13vp"
        ohos:background_element="$graphic:color_cyan_element"
        ohos:text="Button 1"/>
    <Button
        ohos:width="33vp"
        ohos:height="20vp"
        ohos:bottom_margin="3vp"
        ohos:left_margin="13vp"
        ohos:background_element="$graphic:color_cyan_element"
        ohos:text="Button 2"/>
```

```xml
    <Button
        ohos:width="33vp"
        ohos:height="20vp"
        ohos:bottom_margin="3vp"
        ohos:left_margin="13vp"
        ohos:background_element="$graphic:color_cyan_element"
        ohos:text="Button 3"/>
</DirectionalLayout>
```

DirectionalLayout 为垂直方向排列布局时的展示效果如图 6-2 所示。

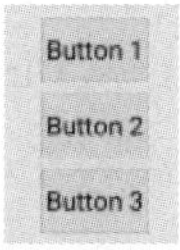

DirectionalLayout 为水平方向排列布局时的 XML 代码如下。

图 6-2

```xml
<?xml version="1.0" encoding="utf-8"?>
<DirectionalLayout
    xmlns:ohos="http://schemas.huawei.com/res/ohos"
    ohos:width="match_parent"
    ohos:height="match_content"
    ohos:orientation="horizontal">
    <Button
        ohos:width="33vp"
        ohos:height="20vp"
        ohos:left_margin="13vp"
        ohos:background_element="$graphic:color_cyan_element"
        ohos:text="Button 1"/>
    <Button
        ohos:width="33vp"
        ohos:height="20vp"
        ohos:left_margin="13vp"
        ohos:background_element="$graphic:color_cyan_element"
        ohos:text="Button 2"/>
    <Button
        ohos:width="33vp"
        ohos:height="20vp"
        ohos:left_margin="13vp"
        ohos:background_element="$graphic:color_cyan_element"
        ohos:text="Button 3"/>
</DirectionalLayout>
```

DirectionalLayout 为水平方向排列布局时的展示效果如图 6-3 所示。

图 6-3

DirectionalLayout的组件在排列时不会自动换行，会按照DirectionalLayout设定的方向依次排列，若组件超出了DirectionalLayout圈定的范围，超出的部分将不会被显示，例如下面的代码。

```xml
<?xml version="1.0" encoding="utf-8"?>
<DirectionalLayout
    xmlns:ohos="http://schemas.huawei.com/res/ohos"
    ohos:width="match_parent"
    ohos:height="20vp"
    ohos:orientation="horizontal">
    <Button
        ohos:width="166vp"
        ohos:height="match_content"
        ohos:left_margin="13vp"
        ohos:background_element="$graphic:color_cyan_element"
        ohos:text="Button 1"/>
    <Button
        ohos:width="166vp"
        ohos:height="match_content"
        ohos:left_margin="13vp"
        ohos:background_element="$graphic:color_cyan_element"
        ohos:text="Button 2"/>
    <Button
        ohos:width="166vp"
        ohos:height="match_content"
        ohos:left_margin="13vp"
        ohos:background_element="$graphic:color_cyan_element"
        ohos:text="Button 3"/>
</DirectionalLayout>
```

此布局包含3个按钮，但由于DirectionalLayout的组件在排列时不会自动换行，超出的部分将无法显示。界面显示效果如图6-4所示。

图6-4

2. DirectionalLayout的对齐方式

DirectionalLayout中的组件使用layout_alignment控制自身在布局中的对齐方式。对齐方式和排列方式密切相关，当排列方式为水平方向排列布局时，可选的对齐方式只会作用于垂直方向，如top、bottom、vertical_center、center等，其他对齐方式不会生效。当排列方式为垂直方向排列布局时，可选的对齐方式只会作用于水平方向，如 left、right、start、end、horizontal_center、center 等，其他对齐方式不会生效。

3 种对齐方式的示例代码如下。

```xml
<?xml version="1.0" encoding="utf-8"?>
<DirectionalLayout
    xmlns:ohos="http://schemas.huawei.com/res/ohos"
    ohos:width="match_parent"
    ohos:height="60vp">
    <Button
        ohos:width="50vp"
        ohos:height="20vp"
        ohos:background_element="$graphic:color_cyan_element"
        ohos:layout_alignment="left"
        ohos:text="Button 1"/>
    <Button
        ohos:width="50vp"
        ohos:height="20vp"
        ohos:background_element="$graphic:color_cyan_element"
        ohos:layout_alignment="horizontal_center"
        ohos:text="Button 2"/>
    <Button
        ohos:width="50vp"
        ohos:height="20vp"
        ohos:background_element="$graphic:color_cyan_element"
        ohos:layout_alignment="right"
        ohos:text="Button 3"/>
</DirectionalLayout>
```

3 种对齐方式的展示效果如图 6-5 所示。

图 6-5

3. DirectionalLayout 的权重

权重（weight）用于按比例来设置组件在布局中的属性值，在水平方向排列布局下通过权重计算组件宽度的公式如下。

- 布局可分配宽度=布局宽度-所有组件宽度之和。
- 组件宽度=组件权重÷所有组件权重之和×布局可分配宽度。

实际使用权重的过程中，建议先设置width=0，再根据各组件的权重来按比例设置组件在布局中的宽度，XML代码如下。

编写主页文件src→main→resources→base→layout→ability_main.xml代码如下。

```xml
<?xml version="1.0" encoding="utf-8"?>
<DirectionalLayout
    xmlns:ohos="http://schemas.huawei.com/res/ohos"
    ohos:width="match_parent"
    ohos:height="match_content"
    ohos:orientation="horizontal">
    <Button
        ohos:width="0vp"
        ohos:height="20vp"
        ohos:weight="1"
        ohos:background_element="$graphic:color_cyan_element"
        ohos:text="Button 1"/>
    <Button
        ohos:width="0vp"
        ohos:height="20vp"
        ohos:weight="1"
        ohos:background_element="$graphic:color_gray_element"
        ohos:text="Button 2"/>
    <Button
        ohos:width="0vp"
        ohos:height="20vp"
        ohos:weight="1"
        ohos:background_element="$graphic:color_cyan_element"
        ohos:text="Button 3"/>
</DirectionalLayout>
```

编写颜色资源文件src→main→resources→base→graphic→color_cyan_element.xml，代码如下。

```xml
<?xml version="1.0" encoding="utf-8"?>
<shape xmlns:ohos="http://schemas.huawei.com/res/ohos" ohos:shape="rectangle">
    <solid ohos:color="#ffbbbbbb"/>
</shape>
```

编写颜色资源文件src→main→resources→base→graphic→color_gray_element.xml，代码如下。

```xml
<?xml version="1.0" encoding="utf-8"?>
```

```
<shape xmlns:ohos="http://schemas.huawei.com/res/ohos" ohos:shape="rectangle">
    <solid ohos:color="#878787"/>
</shape>
```

组件宽度权重之比为1：1：1时的效果如图6-6所示。

图6-6

4.【实战】体验DirectionalLayout布局

并非每个Page都只能含有一个布局，例如在DirectionalLayout布局中仍然可以包含其他的DirectionalLayout布局，其XML代码如下。

```
<?xml version="1.0" encoding="utf-8"?>
<DirectionalLayout
    xmlns:ohos="http://schemas.huawei.com/res/ohos"
    ohos:height="match_parent"
    ohos:width="match_parent"
    ohos:background_element="#FFFFFFFF">

    <DirectionalLayout
        ohos:height="70vp"
        ohos:width="match_parent"
        ohos:orientation="vertical"
        ohos:background_element="#FF9F9F9F"
        ohos:top_margin="10vp">

        <Button
            ohos:height="20vp"
            ohos:width="33vp"
            ohos:background_element="#FF00FFFD"
            ohos:bottom_margin="3vp"
            ohos:left_margin="13vp"
            ohos:text="Button 1"/>

        <Button
            ohos:height="20vp"
            ohos:width="33vp"
            ohos:background_element="#FF00FFFD"
            ohos:bottom_margin="3vp"
```

```xml
            ohos:left_margin="13vp"
            ohos:text="Button 2"/>
    </DirectionalLayout>

    <DirectionalLayout
        ohos:height="70vp"
        ohos:width="match_parent"
        ohos:orientation="horizontal"
        ohos:background_element="#FF9F9F9F"
        ohos:top_margin="10vp"
        >

        <Button
            ohos:height="20vp"
            ohos:width="33vp"
            ohos:background_element="#FF00FFFD"
            ohos:left_margin="13vp"
            ohos:text="Button 1"/>

        <Button
            ohos:height="20vp"
            ohos:width="33vp"
            ohos:background_element="#FF00FFFD"
            ohos:left_margin="13vp"
            ohos:text="Button 2"/>
    </DirectionalLayout>
</DirectionalLayout>
```

展示效果如图6-7所示。

图6-7

6.1.2 DependentLayout 依赖布局

DependentLayout 是 Java UI 框架里的一种常见布局。与 DirectionalLayout 相比，它拥有更多的排布方式。该布局中的每个组件都可以相对其他同级元素进行定位，或者相对其父组件进行定位。使用 DependentLayout 进行布局的效果如图 6-8 所示。

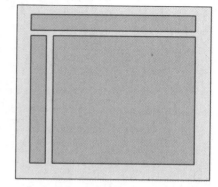

图6-8

DependentLayout 的 alignment 属性与 DirectionlLayout 布局的 alignment 属性的作用相同，取值也基本相同，例如：left 表示左对齐、top 表示顶部对齐、right 表示右对齐、bottom 表示底部对齐、horizontal_center 表示水平居中对齐、vertical_center 表示垂直居中对齐、center 表示居中对齐等。除 DependentLayout 自身的配置之外，DependentLayout 布局之下所包含的组件还支持以下属性：left_of（将组件的右边缘与另一个组件的左边缘对齐）、right_of（将组件的左边缘与另一个组件的右边缘对齐）、start_of（将组件的结束边与另一个组件的起始边对齐）、end_of（将组件的起始边与另一个组件的结束边对齐）、above（将组件的下边缘与另一个组件的上边缘对齐）、below（将组件的上边缘与另一个组件的下边缘对齐）、align_baseline（将组件的基线与另一个组件的基线对齐）、align_left（将组件的左边缘与另一个组件的左边缘对齐）、align_top（将组件的上边缘与另一个组件的上边缘对齐）、align_right（将组件的右边缘与另一个组件的右边缘对齐）、align_bottom（将组件的底边与另一个组件的底边对齐）、align_start（将组件的起始边与另一个组件的起始边对齐）、align_end（将组件的结束边与另一个组件的结束边对齐）、align_parent_left（将子组件的左边缘与父组件的左边缘对齐）、align_parent_top（将子组件的上边缘与父组件的上边缘对齐）、align_parent_right（将子组件的右边缘与父组件的右边缘对齐）、align_parent_bottom（将子组件的底边与父组件的底边对齐）、align_parent_start（将子组件起始边与父组件的起始边对齐）、align_parent_end（将子组件的结束边与父组件的结束边对齐）、center_in_parent（将子组件放置在父组件的中心）、horizontal_center（将子组件放置在父组件水平方向的中心）、vertical_center（将子组件放置在父组件垂直方向的中心）。

left_of 与 start_of、right_of 与 end_of 属性有冲突，不建议同时使用。在水平布局方向为从左到右时，left_of 会与 start_of 发生冲突；在水平布局方向为从右到左时，right_of 会与 end_of 发生冲突。同时使用有冲突的属性时，start_of、end_of 的优先级高于 left_of、right_of。上述属性的用法示例如下。

```
ohos:right_of="$id:component_id"
ohos:start_of="$id:component_id"
ohos:end_of="$id:component_id"
ohos:above="$id:component_id"
ohos:below="$id:component_id"
```

```
ohos:align_baseline="$id:component_id"
ohos:align_left="$id:component_id"
ohos:align_top="$id:component_id"
ohos:align_right="$id:component_id"
ohos:align_bottom="$id:component_id"
ohos:align_start="$id:component_id"
ohos:align_end="$id:component_id"
ohos:align_parent_left="true"
ohos:align_parent_left="$boolean:true"
ohos:align_parent_top="true"
ohos:align_parent_top="$boolean:true"
ohos:align_parent_right="true"
ohos:align_parent_right="$boolean:true"
ohos:align_parent_bottom="true"
ohos:align_parent_bottom="$boolean:true"
ohos:align_parent_start="true"
ohos:align_parent_start="$boolean:true"
ohos:align_parent_end="true"
ohos:align_parent_end="$boolean:true"
ohos:center_in_parent="true"
ohos:center_in_parent="$boolean:true"
ohos:horizontal_center="true"
ohos:horizontal_center="$boolean:true"
ohos:vertical_center="true"
ohos:vertical_center="$boolean:true"
```

1. DependentLayout的排列方式

DependentLayout的排列方式是相对于其他同级组件或者父组件的位置对组件进行布局的。DependentLayout的水平方向排列布局的XML代码如下。

```
<?xml version="1.0" encoding="utf-8"?>
<DependentLayout
    xmlns:ohos="http://schemas.huawei.com/res/ohos"
    ohos:width="match_content"
    ohos:height="match_content"
    ohos:background_element="$graphic:color_light_gray_element">
    <Text
        ohos:id="$+id:text1"
        ohos:width="match_content"
        ohos:height="match_content"
```

```
            ohos:left_margin="15vp"
            ohos:top_margin="15vp"
            ohos:bottom_margin="15vp"
            ohos:text="text1"
            ohos:text_size="20fp"
            ohos:background_element="$graphic:color_cyan_element"/>
    <Text
            ohos:id="$+id:text2"
            ohos:width="match_content"
            ohos:height="match_content"
            ohos:left_margin="15vp"
            ohos:top_margin="15vp"
            ohos:right_margin="15vp"
            ohos:bottom_margin="15vp"
            ohos:text="end_of text1"
            ohos:text_size="20fp"
            ohos:background_element="$graphic:color_cyan_element"
            ohos:end_of="$id:text1"/>
</DependentLayout>
```

编写颜色资源文件 src→main→resources→base→graphic→color_light_gray_element.xml 代码如下。

```
<?xml version="1.0" encoding="utf-8"?>
<shape xmlns:ohos="http://schemas.huawei.com/res/ohos" ohos:shape="rectangle">
    <solid ohos:color="#ffbbbbbb"/>
</shape>
```

编写颜色资源文件 src→main→resources→base→graphic→color_cyan_element.xml 代码如下。

```
<?xml version="1.0" encoding="utf-8"?>
<shape xmlns:ohos="http://schemas.huawei.com/res/ohos" ohos:shape="rectangle">
    <solid ohos:color="#878787"/>
</shape>
```

DependentLayout 的水平方向排列布局的 XML 代码所实现的效果如图6-9所示。

图6-9

2.【实战】体验DependentLayout布局

使用DependentLayout可以轻松实现内容丰富的布局，示例代码如下。

```xml
<?xml version="1.0" encoding="utf-8"?>
<DependentLayout
    xmlns:ohos="http://schemas.huawei.com/res/ohos"
    ohos:width="match_parent"
    ohos:height="match_content"
    ohos:background_element="$graphic:color_background_gray_element">
    <Text
        ohos:id="$+id:text1"
        ohos:width="match_parent"
        ohos:height="match_content"
        ohos:text_size="25fp"
        ohos:top_margin="15vp"
        ohos:left_margin="15vp"
        ohos:right_margin="15vp"
        ohos:background_element="$graphic:color_gray_element"
        ohos:text="Title"
        ohos:text_weight="1000"
        ohos:text_alignment="horizontal_center"
        />
    <Text
        ohos:id="$+id:text2"
        ohos:width="match_content"
        ohos:height="120vp"
        ohos:text_size="10fp"
        ohos:background_element="$graphic:color_gray_element"
        ohos:text="Catalog"
        ohos:top_margin="15vp"
        ohos:left_margin="15vp"
        ohos:right_margin="15vp"
        ohos:bottom_margin="15vp"
        ohos:align_parent_left="true"
        ohos:text_alignment="center"
        ohos:multiple_lines="true"
        ohos:below="$id:text1"
        ohos:text_font="serif"/>
    <Text
        ohos:id="$+id:text3"
        ohos:width="match_parent"
```

```xml
        ohos:height="120vp"
        ohos:text_size="25fp"
        ohos:background_element="$graphic:color_gray_element"
        ohos:text="Content"
        ohos:top_margin="15vp"
        ohos:right_margin="15vp"
        ohos:bottom_margin="15vp"
        ohos:text_alignment="center"
        ohos:below="$id:text1"
        ohos:end_of="$id:text2"
        ohos:text_font="serif"/>
    <Button
        ohos:id="$+id:button1"
        ohos:width="70vp"
        ohos:height="match_content"
        ohos:text_size="15fp"
        ohos:background_element="$graphic:color_gray_element"
        ohos:text="Previous"
        ohos:right_margin="15vp"
        ohos:bottom_margin="15vp"
        ohos:below="$id:text3"
        ohos:left_of="$id:button2"
        ohos:italic="false"
        ohos:text_weight="5"
        ohos:text_font="serif"/>
    <Button
        ohos:id="$+id:button2"
        ohos:width="70vp"
        ohos:height="match_content"
        ohos:text_size="15fp"
        ohos:background_element="$graphic:color_gray_element"
        ohos:text="Next"
        ohos:right_margin="15vp"
        ohos:bottom_margin="15vp"
        ohos:align_parent_end="true"
        ohos:below="$id:text3"
        ohos:italic="false"
        ohos:text_weight="5"
        ohos:text_font="serif"/>
</DependentLayout>
```

编写颜色资源文件 src→main→resources→base→graphic→color_background_gray_element.xml 代码如下。

```xml
<?xml version="1.0" encoding="utf-8"?>
<shape xmlns:ohos="http://schemas.huawei.com/res/ohos" ohos:shape="rectangle">
<solid ohos:color="#ffbbbbbb"/>
</shape>
```

编写颜色资源文件 src→main→resources→base→graphic→color_gray_element.xml 代码如下。

```xml
<?xml version="1.0" encoding="utf-8"?>
<shape xmlns:ohos="http://schemas.huawei.com/res/ohos" ohos:shape="rectangle">
    <solid ohos:color="#878787"/>
</shape>
```

其效果如图6-10所示。

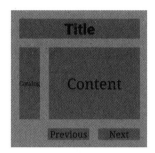

图6-10

6.1.3　StackLayout 堆叠布局

StackLayout 可以直接在屏幕上开辟出一块空白的区域，添加到这个布局中的组件都是以层叠的方式显示的，且被默认放到这块区域的左上角。第一个添加到布局中的组件被放在最底层，最后一个被放在最顶层。被放在上一层的组件会覆盖被放在下一层的组件。使用 StackLayout 进行布局的效果如图6-11所示。

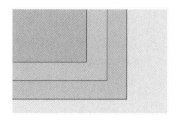

StackLayout 的公有属性都是继承自 Component。StackLayout 中包含的组件支持的属性与 Component 相同，即 left、top、right、bottom、horizontal_center、vertical_center、center 等。

图6-11

1.【实战】为 StackLayout 中的组件设置默认位置

使用 StackLayout 布局时，为其添加的组件默认在布局区域的左上角，并且之后向布局中添加的组件会被放在该组件的上层。为 StackLayout 中的组件设置默认位置的示例代码如下。

```xml
<?xml version="1.0" encoding="utf-8"?>
<StackLayout
    xmlns:ohos="http://schemas.huawei.com/res/ohos"
    ohos:id="$+id:stack_layout"
    ohos:height="match_parent"
    ohos:width="match_parent">

    <Text
        ohos:id="$+id:text_blue"
        ohos:text_alignment="bottom|horizontal_center"
        ohos:text_size="24fp"
        ohos:text="Layer 1"
        ohos:height="400vp"
        ohos:width="400vp"
        ohos:background_element="#3F56EA" />

    <Text
        ohos:id="$+id:text_light_purple"
        ohos:text_alignment="bottom|horizontal_center"
        ohos:text_size="24fp"
        ohos:text="Layer 2"
        ohos:height="300vp"
        ohos:width="300vp"
        ohos:background_element="#00AAEE" />

    <Text
        ohos:id="$+id:text_orange"
        ohos:text_alignment="center"
        ohos:text_size="24fp"
        ohos:text="Layer 3"
        ohos:height="80vp"
        ohos:width="80vp"
        ohos:background_element="#00BFC9" />

</StackLayout>
```

为StackLayout中的组件设置默认位置的示例效果如图6-12所示。

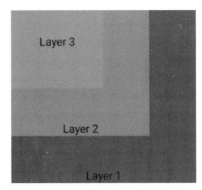

图 6-12

2.【实战】为 StackLayout 中的组件设置相对位置

在组件中使用 layout_alignment 属性可以指定组件在 StackLayout 中的相对位置，为 StackLayout 中的组件设置相对位置的示例代码如下，表示将 Button 组件放在 StackLayout 的右上角。

```xml
<?xml version="1.0" encoding="utf-8"?>
<StackLayout
    xmlns:ohos="http://schemas.huawei.com/res/ohos"
    ohos:id="$+id:stack_layout"
    ohos:height="match_parent"
    ohos:width="match_parent">

    <Button
        ohos:id="$+id:button"
        ohos:height="40vp"
        ohos:width="80vp"
        ohos:layout_alignment="right"
        ohos:background_element="#3399FF"/>

</StackLayout>
```

为 StackLayout 中的组件设置相对位置的效果如图 6-13 所示。

图 6-13

6.1.4 TableLayout表格布局

TableLayout是以表格的方式排布组件的。使用TableLayout进行布局的效果如图6-14所示。

TableLayout的公有属性继承自Component。TableLayout的私有属性如下。

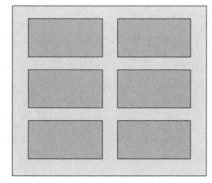

图6-14

- alignment_type：用于设置组件的对齐方式，该属性有多种值，如align_edges表示TableLayout内的组件按边界对齐，align_contents表示TableLayout内的组件按边距对齐。
  示 例：ohos:alignment_type="align_edges"、ohos:alignment_type="align_contents"。
- column_count：用于设置组件的列数，可以直接设置为整型数值，也可以引用Integer资源。
- row_count：用于设置组件的行数，可以直接设置为整型数值，也可以引用Integer资源。
- orientation：用于设置组件的排列方向，该属性有2种值，其中horizontal表示水平方向布局，vertical表示垂直方向布局。示例：ohos:orientation="horizontal"、ohos:orientation="vertical"。

1.【实战】体验TableLayout布局

TableLayout内部组件在默认情况下排列为一列多行，示例代码如下。

```xml
<?xml version="1.0" encoding="utf-8"?>
<TableLayout
    xmlns:ohos="http://schemas.huawei.com/res/ohos"
    ohos:height="match_parent"
    ohos:width="match_parent"
    ohos:background_element="#87CEEB"
    ohos:padding="8vp">
    <Text
        ohos:height="60vp"
        ohos:width="60vp"
        ohos:background_element="#FFFF0000"
        ohos:margin="8vp"
        ohos:text="1"
        ohos:text_alignment="center"
        ohos:text_size="20fp"/>

    <Text
        ohos:height="60vp"
        ohos:width="60vp"
        ohos:background_element="#FFFF0000"
```

```
        ohos:margin="8vp"
        ohos:text="2"
        ohos:text_alignment="center"
        ohos:text_size="20fp"/>

    <Text
        ohos:height="60vp"
        ohos:width="60vp"
        ohos:background_element="#FFFF0000"
        ohos:margin="8vp"
        ohos:text="3"
        ohos:text_alignment="center"
        ohos:text_size="20fp"/>

    <Text
        ohos:height="60vp"
        ohos:width="60vp"
        ohos:background_element="#FFFF0000"
        ohos:margin="8vp"
        ohos:text="4"
        ohos:text_alignment="center"
        ohos:text_size="20fp"/>
</TableLayout>
```

TableLayout内部组件在默认情况下的排列效果如图6-15所示。

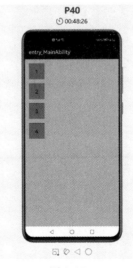

图6-15

2.【实战】给TableLayout中的组件添加行数限制

此时只需要在TableLayout布局之中增加row_count与column_count属性即可,部分示例代码如下。

```
<TableLayout
    ...
    ohos:row_count="2"
    ohos:column_count="2">
```

给TableLayout中的组件添加行数限制后的效果如图6-16所示。

图6-16

3.【实战】为TableLayout中的组件设置排列方向

为TableLayout中的组件设置排列方向,比如按垂直方向排列,部分示例代码如下。

```
<TableLayout
    ...
    ohos:orientation="vertical">
    ...
</TableLayout>
```

设置TabLayout中的组件按垂直方向排列的效果如图6-17所示。

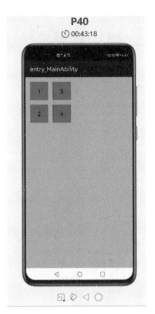

图6-17

4.【实战】将TableLayout中的组件设置为按边距对齐

TableLayout提供两种对齐方式,按边距对齐align_contents、按边界对齐align_edges,默认为按边距对齐。组件按边距对齐的示例代码如下。

```
<?xml version="1.0" encoding="utf-8"?>
<TableLayout
    xmlns:ohos="http://schemas.huawei.com/res/ohos"
    ohos:height="match_parent"
    ohos:width="match_parent"
    ohos:alignment_type="align_contents"
    ohos:background_element="#87CEEB"
    ohos:column_count="3"
    ohos:padding="8vp">
    <Text
        ohos:height="48vp"
        ohos:width="48vp"
        ohos:background_element="#FFFF0000"
        ohos:margin="8vp"
        ohos:padding="8vp"
        ohos:text="1"
        ohos:text_alignment="center"
        ohos:text_size="14fp"/>
```

```xml
<Text
    ohos:height="48vp"
    ohos:width="48vp"
    ohos:background_element="#FFFF0000"
    ohos:margin="16vp"
    ohos:padding="8vp"
    ohos:text="2"
    ohos:text_alignment="center"
    ohos:text_size="14fp"/>

<Text
    ohos:height="48vp"
    ohos:width="48vp"
    ohos:background_element="#FFFF0000"
    ohos:margin="32vp"
    ohos:padding="8vp"
    ohos:text="3"
    ohos:text_alignment="center"
    ohos:text_size="14fp"/>

<Text
    ohos:height="48vp"
    ohos:width="48vp"
    ohos:background_element="#FFFF0000"
    ohos:margin="32vp"
    ohos:padding="8vp"
    ohos:text="4"
    ohos:text_alignment="center"
    ohos:text_size="14fp"/>

<Text
    ohos:height="48vp"
    ohos:width="48vp"
    ohos:background_element="#FFFF0000"
    ohos:margin="16vp"
    ohos:padding="8vp"
    ohos:text="5"
    ohos:text_alignment="center"
    ohos:text_size="14fp"/>
```

```
<Text
    ohos:height="48vp"
    ohos:width="48vp"
    ohos:background_element="#FFFF0000"
    ohos:margin="8vp"
    ohos:padding="8vp"
    ohos:text="6"
    ohos:text_alignment="center"
    ohos:text_size="14fp"/>
</TableLayout>
```

组件按边距对齐的效果如图6-18所示。

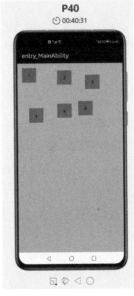

图6-18

5.【实战】将TableLayout中的组件设置为按边界对齐

将TableLayout中组件的对齐方式修改为按边界对齐，部分示例代码如下。

```
<TableLayout
    ...
    ohos:alignment_type="align_edges">
    ...
</TableLayout>
```

其效果如图6-19所示。

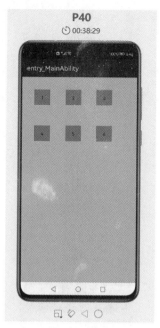

图6-19

6. 设置TableLayout中组件的行列属性

在ability_main.xml中的第一个Text标签后添加代码：ohos:id="$tid:text_one"

合并单元格效果可以通过设置TableLayout中组件的行列属性来实现。设置TableLayout中组件的行列属性的示例代码如下。

```
@Override
protected void onStart(Intent intent) {
    ...
    Component component = findComponentById(ResourceTable.Id_text_one);
    TableLayout.LayoutConfig tlc = new TableLayout.LayoutConfig(vp2px(72), vp2px(72));
    tlc.columnSpec = TableLayout.specification(TableLayout.DEFAULT, 2);
    tlc.rowSpec = TableLayout.specification(TableLayout.DEFAULT, 2);
    component.setLayoutConfig(tlc);
}

private int vp2px(float vp) {
    return AttrHelper.vp2px(vp, getContext());
}
//在设置组件的行列属性时，TableLayout剩余的行数和列数必须大于或等于该组件所设置的行数和列
//数。目前仅支持通过Java代码设置TableLayout组件的行列属性
```

设置TableLayout中组件的行列属性的效果如图6-20所示。

图6-20

在设置组件的行列属性时,还可添加组件的对齐方式,修改上述代码,如下。

```
@Override
protected void onStart(Intent intent) {
    ...
    tlc.columnSpec = TableLayout.specification(TableLayout.DEFAULT, 2, TableLayout.Alignment.ALIGNMENT_FILL);
    tlc.rowSpec = TableLayout.specification(TableLayout.DEFAULT, 2, TableLayout.Alignment.ALIGNMENT_FILL);
    ...
}
```

将组件的对齐方式设置为ALIGNMENT_FILL的效果如图6-21所示。

图6-21

7. 设置TableLayout中组件的权重

设置TableLayout中组件的权重的Java代码如下。

```java
@Override
protected void onStart(Intent intent) {
    ...
    TableLayout.LayoutConfig tlc = new TableLayout.LayoutConfig(0, vp2px(48));
    tlc.columnSpec = TableLayout.specification(TableLayout.DEFAULT, 1, 1.0f);
    tlc.rowSpec = TableLayout.specification(TableLayout.DEFAULT, 1);

    findComponentById(ResourceTable.Id_text_one).setLayoutConfig(tlc);
    findComponentById(ResourceTable.Id_text_two).setLayoutConfig(tlc);
    findComponentById(ResourceTable.Id_text_three).setLayoutConfig(tlc);
    findComponentById(ResourceTable.Id_text_four).setLayoutConfig(tlc);
    findComponentById(ResourceTable.Id_text_five).setLayoutConfig(tlc);
    findComponentById(ResourceTable.Id_text_six).setLayoutConfig(tlc);
}
```

上述代码将组件的宽度属性的权重设置为1.0，表示每行组件会均分TableLayout的宽度，所以需要设置TableLayout的宽度值为某一固定宽度或match_parent，XML代码如下。

```xml
<TableLayout
    ohos:width="match_parent"
    ...>

    <Text
        ohos:id="$+id:text_one"
        .../>

    <Text
        ohos:id="$+id:text_two"
        .../>

    <Text
        ohos:id="$+id:text_three"
        .../>

    <Text
        ohos:id="$+id:text_four"
        .../>
```

```
    <Text
        ohos:id="$+id:text_five"
        .../>

    <Text
        ohos:id="$+id:text_six"
        .../>
</TableLayout>
```

将组件的宽度属性的权重设置为1.0的效果如图6-22所示。

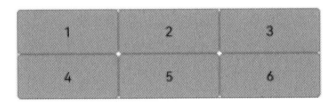

图6-22

6.1.5　PositionLayout位置布局

1. PositionLayout位置布局的概念

在PositionLayout中,组件通过指定的坐标来确定它在屏幕上显示的位置。当组件的坐标为(0,0)时表示它位于该布局的左上角;当向下或向右移动组件时,其相应的坐标会变大。允许组件互相重叠。使用PositionLayout进行布局的效果如图6-23所示。

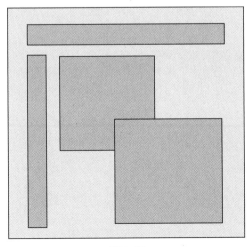

图6-23

2.【实战】体验PositionLayout布局

在PositionLayout布局中添加多个组件的示例代码如下。

```xml
<?xml version="1.0" encoding="utf-8"?>
<PositionLayout
    xmlns:ohos="http://schemas.huawei.com/res/ohos"
    ohos:id="$+id:position"
    ohos:height="match_parent"
    ohos:width="300vp"
    ohos:background_element="#3387CEFA">

    <Text
        ohos:id="$+id:position_text_1"
        ohos:height="50vp"
        ohos:width="200vp"
        ohos:background_element="#9987CEFA"
        ohos:position_x="50vp"
        ohos:position_y="8vp"
        ohos:text="Title"
        ohos:text_alignment="center"
        ohos:text_size="20fp"/>\

    <Text
        ohos:id="$+id:position_text_2"
        ohos:height="200vp"
        ohos:width="200vp"
        ohos:background_element="#9987CEFA"
        ohos:position_x="8vp"
        ohos:position_y="64vp"
        ohos:text="Content"
        ohos:text_alignment="center"
        ohos:text_size="20fp"/>

    <Text
        ohos:id="$+id:position_text_3"
        ohos:height="200vp"
        ohos:width="200vp"
        ohos:background_element="#9987CEFA"
        ohos:position_x="92vp"
        ohos:position_y="188vp"
        ohos:text="Content"
```

```
            ohos:text_alignment="center"
            ohos:text_size="20fp"/>
</PositionLayout>
```

MainAbilitySlice的代码如下。

```
package com.example.myapplication_22.slice;

import com.example.myapplication_22.ResourceTable;
import ohos.aafwk.ability.AbilitySlice;
import ohos.aafwk.content.Intent;
import ohos.agp.components.AttrHelper;
import ohos.agp.components.Text;

public class MainAbilitySlice extends AbilitySlice {
    @Override
    public void onStart(Intent intent) {
        super.onStart(intent);
        super.setUIContent(ResourceTable.Layout_ability_main);

        Text title = (Text)findComponentById(ResourceTable.Id_position_text_1);
        Text content1 =
(Text)findComponentById(ResourceTable.Id_position_text_2);
        Text content2 =
(Text)findComponentById(ResourceTable.Id_position_text_3);

        title.setPosition(vp2px(50), vp2px(8));
        content1.setPosition(vp2px(8), vp2px(64));
        content2.setPosition(vp2px(92), vp2px(188));
    }
    private int vp2px(float vp){
        return AttrHelper.vp2px(vp,this);
    }
}
```

设置子组件的坐标（position_x 和 position_y 属性），除了使用上述示例中的方式实现外，还可以在对应的 AbilitySlice 中通过调用 setPosition(int x, int y) 函数实现，示例代码如下。

```
Text title = (Text)findComponentById(ResourceTable.Id_position_text_1);
Text content1 = (Text)findComponentById(ResourceTable.Id_position_text_2);
Text content2 = (Text)findComponentById(ResourceTable.Id_position_text_3);
```

```
title.setPosition(vp2px(50), vp2px(8));
content1.setPosition(vp2px(8), vp2px(64));
content2.setPosition(vp2px(92), vp2px(188));
```

单位转换的方法如下。

```
private int vp2px(float vp){
    return AttrHelper.vp2px(vp,this);
}
```

最终效果如图6-24所示。

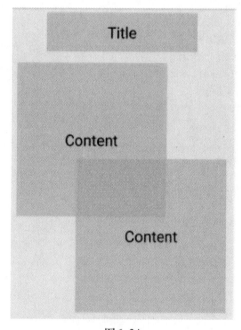

图6-24

另外，对于PositionLayout位置布局中那些超出布局限定范围的组件，其超出部分不予展示，部分示例代码如下。

```
<?xml version="1.0" encoding="utf-8"?>
<PositionLayout
    ...>
    ...

    <Text
```

```
        ohos:id="$+id:position_text_4"
        ohos:height="120vp"
        ohos:width="120vp"
        ohos:background_element="#9987CEFA"
        ohos:position_x="212vp"
        ohos:position_y="64vp"
        ohos:text="Right"
        ohos:text_alignment="center"
        ohos:text_size="20fp"/>
</PositionLayout>
```

组件超出布局限定范围的部分不予展示,效果如图6-25所示。

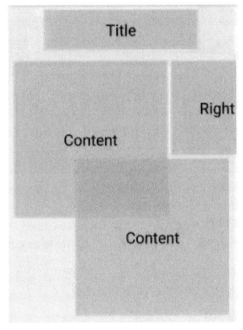

图6-25

6.1.6　AdaptiveBoxLayout自适应布局

1. AdaptiveBoxLayout自适应布局的概念

AdaptiveBoxLayout是自适应布局,该布局提供了在不同屏幕尺寸的设备上的自适应布局能力,主要用于相同级别的多个组件需要在不同屏幕尺寸的设备上自动调整位置的场景。

该布局中的每个组件都用一个单独的"盒子"装起来,组件的布局参数都是以盒子作为父组件生效的,而不是以整个自适应布局为父组件生效的。

该布局中每个盒子的宽度的计算方法为布局总宽度除以自适应得到的列数，高度为match_content，表示每一行的盒子向高度最高的那个盒子对齐。

该布局在水平方向上会自动分块，因此不支持以match_content作为宽度的值，仅支持以match_parent或固定宽度作为宽度的值。

该布局仅在水平方向进行自动分块，在垂直方向没有做限制，因此如果某个组件的高度被设置为match_parent，可能导致后续行无法显示。

使用AdaptiveBoxLayout进行布局的效果如图6-26所示。

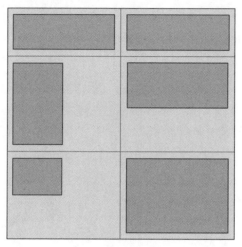

图6-26

AdaptiveBoxLayout常用函数如下。

- addAdaptiveRule(int minWidth, int maxWidth, int columns)的作用是添加一个自适应布局规则。
- removeAdaptiveRule(int minWidth, int maxWidth, int columns)的作用是移除一个自适应布局规则。
- clearAdaptiveRules()的作用是移除所有自适应布局规则。

2.【实战】体验AdaptiveBoxLayout布局

向AdaptiveBoxLayout中添加和删除盒子的示例代码如下。

```
<?xml version="1.0" encoding="utf-8"?>

<DirectionalLayout
    xmlns:ohos="http://schemas.huawei.com/res/ohos"
    ohos:height="match_parent"
    ohos:width="match_parent"
    ohos:orientation="vertical">
```

```xml
<AdaptiveBoxLayout
    xmlns:ohos="http://schemas.huawei.com/res/ohos"
    ohos:height="0vp"
    ohos:width="match_parent"
    ohos:weight="1"
    ohos:id="$+id:adaptive_box_layout">

    <Text
        ohos:height="40vp"
        ohos:width="80vp"
        ohos:background_element="#EC9DAA"
        ohos:margin="10vp"
        ohos:padding="10vp"
        ohos:text="NO 1"
        ohos:text_size="18fp" />

    <Text
        ohos:height="40vp"
        ohos:width="80vp"
        ohos:background_element="#EC9DAA"
        ohos:margin="10vp"
        ohos:padding="10vp"
        ohos:text="NO 2"
        ohos:text_size="18fp" />

    <Text
        ohos:height="match_content"
        ohos:width="match_content"
        ohos:background_element="#EC9DAA"
        ohos:margin="10vp"
        ohos:padding="10vp"
        ohos:multiple_lines="true"
        ohos:text="放置多个宽度相同，但高度不通的盒子，整行的高度由最高的盒子的高度来设定"
        ohos:text_size="18fp" />

    <Text
        ohos:height="40vp"
        ohos:width="80vp"
        ohos:background_element="#EC9DAA"
```

```xml
            ohos:margin="10vp"
            ohos:padding="10vp"
            ohos:text="NO 4"
            ohos:text_size="18fp" />

        <Text
            ohos:height="40vp"
            ohos:width="match_parent"
            ohos:background_element="#EC9DAA"
            ohos:margin="10vp"
            ohos:padding="10vp"
            ohos:text="Add"
            ohos:text_size="18fp" />

        <Text
            ohos:height="40vp"
            ohos:width="80vp"
            ohos:background_element="#EC9DAA"
            ohos:margin="10vp"
            ohos:padding="10vp"
            ohos:text="NO 5"
            ohos:text_size="18fp" />

        <Text
            ohos:height="160vp"
            ohos:width="80vp"
            ohos:background_element="#EC9DAA"
            ohos:margin="10vp"
            ohos:padding="10vp"
            ohos:text="NO 6"
            ohos:text_size="18fp" />
    </AdaptiveBoxLayout>
    <Button
        ohos:id="$+id:add_rule_btn"
        ohos:layout_alignment="horizontal_center"
        ohos:top_margin="10vp"
        ohos:padding="10vp"
        ohos:background_element="#A9CFF0"
        ohos:height="match_content"
        ohos:width="match_content"
```

```
        ohos:text_size="22fp"
        ohos:text="添加自适应规则,规则详情见Java"/>

    <Button
        ohos:id="$+id:remove_rule_btn"
        ohos:padding="10vp"
        ohos:top_margin="10vp"
        ohos:layout_alignment="horizontal_center"
        ohos:bottom_margin="10vp"
        ohos:background_element="#D5D5D5"
        ohos:height="match_content"
        ohos:width="match_content"
        ohos:text_size="22fp"
        ohos:text="移除自适应规则,规则详情见Java"/>
</DirectionalLayout>
```

为AdaptiveBoxLayout中的盒子添加和移除布局规则的示例代码如下。

```
package com.example.myapplication_23.slice;

import com.example.myapplication_23.ResourceTable;
import ohos.aafwk.ability.AbilitySlice;
import ohos.aafwk.content.Intent;
import ohos.agp.components.AdaptiveBoxLayout;

public class MainAbilitySlice extends AbilitySlice {
    @Override
    public void onStart(Intent intent) {
        super.onStart(intent);
        super.setUIContent(ResourceTable.Layout_ability_main);

        AdaptiveBoxLayout adaptiveBoxLayout =
(AdaptiveBoxLayout)findComponentById(ResourceTable.Id_adaptive_box_layout);

findComponentById(ResourceTable.Id_add_rule_btn).setClickedListener((component-
>{
            // 添加规则
            adaptiveBoxLayout.addAdaptiveRule(100, 2000, 3);
            // 更新布局
            adaptiveBoxLayout.postLayout();
```

```
        }));

findComponentById(ResourceTable.Id_remove_rule_btn).setClickedListener((compone
nt-> {
        // 移除规则
        adaptiveBoxLayout.removeAdaptiveRule(100, 2000, 3);
        // 更新布局
        adaptiveBoxLayout.postLayout();
    }));

    }

    @Override
    public void onActive() {
        super.onActive();
    }

    @Override
    public void onForeground(Intent intent) {
        super.onForeground(intent);
    }
}
```

为AdaptiveBoxLayout中的盒子添加和移除布局规则的实现效果如图6-27和图6-28所示。

图6-27

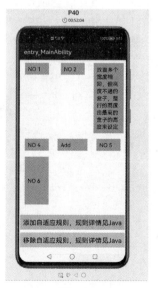

图6-28

6.2 Java UI框架的自定义组件与自定义布局

HarmonyOS提供了一套复杂且强大的Java UI框架，其中Component提供内容显示，是界面中所有组件的基类。ComponentContainer作为容器容纳Component或ComponentContainer对象，并对它们进行布局。

Java UI框架也提供了一部分Component和ComponentContainer的具体子类，即常用的组件（Text、Button、Image等）和常用的布局（DirectionalLayout、DependentLayout等）。如果现有的组件和布局无法满足设计需求，例如仿遥控器的圆盘按钮、可滑动的环形控制器等，可以通过自定义组件和自定义布局来实现。

自定义组件是由开发者定义的具有一定特性的组件，通过扩展Component或其子类实现。通过自定义组件，可以精确控制屏幕元素的外观，也可以响应用户的单击、长按等操作。

自定义布局是由开发者定义的具有特定布局规则的容器，通过扩展ComponentContainer或其子类实现。通过自定义组件，可以将各组件摆放到指定的位置，也可以响应用户的滑动、拖曳等操作。

6.2.1 自定义组件

当Java UI框架提供的组件无法满足设计需求时，可以创建自定义组件，根据设计需求添加绘制任务，并定义组件的属性及其需要响应的事件。

在Commponent接口类中含有setEstimateSizeListener()方法（设置测量组件的监听器）、setEstimatedSize()方法（设置测量的宽度和高度）、onEstimateSize()方法（测量组件的大小以确定宽度和高度）、EstimateSpec.getChildSizeWithMode()方法（基于指定的大小和模式为组件创建度量规范）、EstimateSpec.getSize()方法（从提供的度量规范中提取大小）、EstimateSpec.getMode()方法（获取该组件的显示模式）、addDrawTask()方法（添加绘制任务）、onDraw()方法（通过绘制任务更新组件）等，方便开发者对自定义组件进行编辑。

创建自定义组件的类，继承Component或其子类，并添加构造方法的代码如下。

```
public class CustomComponent extends Component{
    public CustomComponent(Context context) {
        this(context, null);
    }

    //如需支持使用XML创建自定义组件，必须添加该构造方法
    public CustomComponent(Context context, AttrSet attrSet) {
        super(context, attrSet);
    }
}
```

实现Component.EstimateSizeListener接口，在onEstimateSize()方法中进行组件大小的测量，并通过调用setEstimatedSize()方法通知组件。伪代码如下。

```
public class CustomComponent extends Component implements Component.
EstimateSizeListener {
    ...
    public CustomComponent(Context context, AttrSet attrSet) {
        ...
        // 设置测量组件的监听器
        setEstimateSizeListener(this);
    }
    ...
    @Override
    public boolean onEstimateSize(int widthEstimateConfig, int heightEstimateConfig) {
        ...
        return true;
    }
}
```

测量出的组件大小需通过调用setEstimatedSize()通知组件，并且必须返回true使测量值生效。

setEstimatedSize()方法的入参携带测量模式信息，可使用Component.EstimateSpec.getChildSizeWithMode()方法进行拼接。

测量组件的宽度和高度需要携带测量模式信息，不同测量模式下的测量结果不同，需要根据实际需求选择适合的测量模式。

自定义组件有3种不同的测量模式，其中在UNCONSTRAINT测量模式下父组件对子组件没有约束，子组件可以是任意大小的；在PRECISE测量模式下，父组件已确定子组件的大小；在NOT_EXCEED测量模式下，已为子组件确定了最大大小，子组件不能超过指定大小。

6.2.2 自定义布局

当Java UI框架提供的布局无法满足需求时，可以创建自定义布局，并根据需求添加自定义布局规则。

自定义布局同样需要继承Component或ComponentContainer。Component主要需要提供setEstimateSizeListener()方法（设置测量组件的监听器）、setEstimatedSize()方法（设置测量的宽度和高度）、onEstimateSize()方法（测量组件的大小以确定宽度和高度）、EstimateSpec.getChildSizeWithMode()方法（基于指定的大小和模式为组件创建度量规范）、EstimateSpec.getSize()方法（从提供的度量规范中提取大小）、EstimateSpec.getMode()方法（获取该组件的显示模式）、arrange()方法（相对于容器设置组件的位置和大小）等。ComponentContainer主要需要提供setArrangeListener()方法（设置容器布局组件的监听器）、onArrange()方法（通知容器在布局时设置组件的位置和大小）方法等。

创建自定义布局的类，继承ComponentContainer，并添加构造方法，代码如下。

```java
public class CustomLayout extends ComponentContainer {
    public CustomLayout(Context context) {
        this(context, null);
    }

    //如需支持使用XML创建自定义布局，必须添加该构造方法
    public CustomLayout(Context context, AttrSet attrSet) {
        super(context, attrSet);
    }
}
```

6.3 【实战】HarmonyOS提交表单综合练习

6.3.1 实战目标

（1）熟悉Java UI框架的各项属性。

（2）熟悉HarmonyOS属性的传递。

（3）熟悉HarmonyOS的部分组件。

本节的实战将实现让用户通过页面的文本输入框输入姓名、通过单选框选择性别、通过日期组件输入生日等功能，最终将这些信息传入Java代码。在实际工作中，Java代码获取到这些信息以后就可以通过HTTP、WebSocket与后台服务器进行交互了。

6.3.2 编写页面

在resource→base→layout文件夹下创建文件并命名为ability_main.xml，代码如下。

```xml
<?xml version="1.0" encoding="utf-8"?>
<DependentLayout
    xmlns:ohos="http://schemas.huawei.com/res/ohos"
    ohos:width="match_parent"
    ohos:height="match_content"
    ohos:background_element="$graphic:background_ability_main">
    <Text
        ohos:id="$+id:text1"
```

```xml
        ohos:width="match_parent"
        ohos:height="match_content"
        ohos:text_size="25fp"
        ohos:top_margin="15vp"
        ohos:left_margin="15vp"
        ohos:right_margin="15vp"
        ohos:background_element="$graphic:color_cyan_element"
        ohos:text="表单提交示例"
        ohos:text_weight="1000"
        ohos:text_alignment="horizontal_center"
        />
    <Text
        ohos:id="$+id:text2"
        ohos:width="100vp"
        ohos:height="40vp"
        ohos:text_size="25fp"
        ohos:background_element="$graphic:color_cyan_element"
        ohos:text="姓名"
        ohos:top_margin="15vp"
        ohos:left_margin="15vp"
        ohos:right_margin="15vp"
        ohos:bottom_margin="15vp"
        ohos:align_parent_left="true"
        ohos:text_alignment="center"
        ohos:multiple_lines="true"
        ohos:below="$id:text1"
        ohos:text_font="serif"/>
    <TextField
        ohos:id="$+id:text3"
        ohos:width="match_parent"
        ohos:height="40vp"
        ohos:text_size="25fp"
        ohos:background_element="$graphic:color_cyan_element"
        ohos:text=""
        ohos:top_margin="15vp"
        ohos:right_margin="15vp"
        ohos:bottom_margin="15vp"
        ohos:text_alignment="center"
        ohos:below="$id:text1"
        ohos:end_of="$id:text2"
```

```xml
        ohos:text_font="serif"/>

    <Text
        ohos:id="$+id:text4"
        ohos:width="100vp"
        ohos:height="40vp"
        ohos:text_size="25fp"
        ohos:background_element="$graphic:color_cyan_element"
        ohos:text="性别"
        ohos:top_margin="15vp"
        ohos:left_margin="15vp"
        ohos:right_margin="15vp"
        ohos:bottom_margin="15vp"
        ohos:align_parent_left="true"
        ohos:text_alignment="center"
        ohos:multiple_lines="true"
        ohos:below="$id:text2"
        ohos:text_font="serif"/>
    <RadioContainer
        ohos:id="$+id:radio_container"
        ohos:height="match_content"
        ohos:width="match_content"
        ohos:below="$id:text3"
        ohos:end_of="$id:text4"
        ohos:orientation="horizontal"
        ohos:layout_alignment="horizontal_center">

        <RadioButton
            ohos:id="$+id:rb_1"
            ohos:width="match_content"
            ohos:height="40vp"
            ohos:text="男"
            ohos:text_font="serif"
            ohos:top_margin="15vp"
            ohos:left_margin="15vp"
            ohos:right_margin="15vp"
            ohos:bottom_margin="15vp"
            ohos:background_element="$graphic:color_cyan_element"
            ohos:text_size="25fp"/>
```

```xml
        <RadioButton
            ohos:id="$+id:rb_2"
            ohos:width="match_content"
            ohos:height="40vp"
            ohos:text="女"
            ohos:text_font="serif"
            ohos:top_margin="15vp"
            ohos:left_margin="15vp"
            ohos:right_margin="15vp"
            ohos:bottom_margin="15vp"
            ohos:background_element="$graphic:color_cyan_element"
            ohos:text_size="25fp"/>
</RadioContainer>

<Text
    ohos:id="$+id:text5"
    ohos:width="match_parent"
    ohos:height="40vp"
    ohos:text_size="25fp"
    ohos:background_element="$graphic:color_cyan_element"
    ohos:text="生日"
    ohos:top_margin="15vp"
    ohos:left_margin="15vp"
    ohos:right_margin="15vp"
    ohos:bottom_margin="15vp"
    ohos:align_parent_left="true"
    ohos:text_alignment="center"
    ohos:multiple_lines="true"
    ohos:below="$id:text4"
    ohos:text_font="serif"/>

<DatePicker
    ohos:id="$+id:date_pick"
    ohos:height="200vp"
    ohos:width="380vp"
    ohos:below="$id:text5"
    ohos:background_element="#C800A7FF">
</DatePicker>

<Button
```

```
        ohos:id="$+id:button1"
        ohos:width="match_parent"
        ohos:height="match_content"
        ohos:text_size="25fp"
        ohos:top_margin="460vp"
        ohos:left_margin="15vp"
        ohos:right_margin="15vp"
        ohos:background_element="$graphic:color_cyan_element"
        ohos:text="提交表单"
        ohos:text_weight="1000"
        ohos:text_alignment="horizontal_center"
        />
</DependentLayout>
```

编写颜色资源文件 src→main→resources→base→graphic→color_cyan_element.xml，代码如下。

```
<?xml version="1.0" encoding="utf-8"?>
<shape xmlns:ohos="http://schemas.huawei.com/res/ohos" ohos:shape="rectangle">
    <solid ohos:color="#00FFFD"/>
</shape>
```

Text的公有属性继承自Component。Text的私有属性包括text（显示文本）、hint（提示文本）、text_font（字体）、truncation_mode（长文本截断方式）、text_size（文本大小）、element_padding（文本与图片的边距）、bubble_width（文本气泡宽度）、bubble_height（文本气泡高度）、bubble_left_width（文本气泡左宽度）、bubble_left_height（文本气泡左高度）、bubble_right_width（文本气泡右宽度）、bubble_right_height（文本气泡右高度）、text_color（文本颜色）、hint_color（提示文本颜色）、selection_color（选中文本颜色）、text_alignment（文本对齐方式）、max_text_lines（文本最大行数）、text_input_type（文本输入类型）、input_enter_key_type（输入键类型）、auto_scrolling_duration（自动滚动时长）、multiple_lines（多行模式设置）、auto_font_size（是否支持文本自动调整字体大小）、scrollable（文本是否可滚动）、text_cursor_visible（文本光标是否可见）、italic（文本是否为斜体）、padding_for_text（设置文本顶部与底部是否默认留白）、additional_line_spacing（需增加的行间距）、line_height_num（行间距倍数）、element_left（文本左侧图标）、element_top（文本上方图标）、element_right（文本右侧图标）、element_bottom（文本下方图标）、element_start（文本开始图标）、element_end（文本结束图标）、element_cursor_bubble（文本的光标气泡图形）、element_selection_left_bubble（选中文本的左侧气泡图形）、element_selection_right_bubble（选中文本的右侧气泡图形）等。

Button无私有属性，公有属性继承自Text。所以在XML文件中编写Button按钮时，按照编写Text的方式进行编写即可。

RadioButton 用于实现多选一的操作，需要和 RadioContainer 搭配使用才能实现单选效果。其私有属性包括 marked（当前状态为选中或未选中）、text_color_on（处于选中状态的文本颜色）、text_color_off（处于未选中状态的文本颜色）、check_element（状态标志样式）等。

RadioContainer 是 RadioButton 的容器，保证在其包裹下的 RadioButton 只有一个是被选中的。RadioContainer 的公有属性继承自 DirectionalLayout。

DatePicker 主要供用户选择日期。DatePicker 的公有属性继承自 StackLayout，私有属性包括 date_order（日期的显示格式）、day_fixed（日期是否固定）、month_fixed（月份是否固定）、year_fixed（年份是否固定）、max_date（最大日期）、min_date（最小日期）、text_size（文本大小）、normal_text_size（未选中文本的大小）、selected_text_size（选中文本的大小）、normal_text_color（未选中文本的颜色）、selected_text_color（选中文本的颜色）、operated_text_color（操作项的文本颜色）、selected_normal_text_margin_ratio（已选文本边距与常规文本边距的比例）、selector_item_num（显示的项目数量）、shader_color（着色器颜色）、top_line_element（选中项的顶线）、bottom_line_element（选中项的底线）、wheel_mode_enabled（选择轮是否循环显示数据）。

6.3.3 编写实体类

为了方便整理表单所给出的数据，需要编写实体类 User，Java 代码如下。

```java
package com.example.myapplication_24.slice;

public class User {

    private String name;
    private String age;
    private String gender;

    @Override
    public String toString() {
        return "User{" +
                "name='" + name + '\'' +
                ", age='" + age + '\'' +
                ", gender='" + gender + '\'' +
                '}';
    }

    public User(String name, String age, String gender) {
        this.name = name;
        this.age = age;
```

```
        this.gender = gender;
    }
}
```

6.3.4 编写MainAbilitySlice

编写MainAbilitySlice,实现对按钮的控制,Java代码如下。

```java
package com.example.myapplication_24.slice;

import com.example.myapplication_24.ResourceTable;
import ohos.aafwk.ability.AbilitySlice;
import ohos.aafwk.content.Intent;
import ohos.agp.components.*;
import ohos.agp.utils.LayoutAlignment;
import ohos.agp.window.dialog.ToastDialog;

public class MainAbilitySlice extends AbilitySlice {
    @Override
    public void onStart(Intent intent) {
        super.onStart(intent);
        super.setUIContent(ResourceTable.Layout_ability_main);

        Button button1 = (Button)findComponentById(ResourceTable.Id_button1);
        button1.setClickedListener(component -> {              //01
            TextField textField =
(TextField)findComponentById(ResourceTable.Id_text3);          //02
            String name = textField.getText();                 //03

            RadioButton radioButton =
(RadioButton)findComponentById(ResourceTable.Id_rb_1);
            boolean checked = radioButton.isChecked();         //04

            DatePicker datePicker =
(DatePicker)findComponentById(ResourceTable.Id_date_pick);     //05
            int getYear = datePicker.getYear();

            String user = new User(name, String. valueOf(2021-getYear), checked
? "男" : "女").toString();                                       //06

            ToastDialog toastDialog = new ToastDialog(getContext());   //07
```

```
            toastDialog.setText(user);
            toastDialog.setAlignment(LayoutAlignment.CENTER);
            toastDialog.show();
        });
    }
}
```

代码01释义：增加监听器。

代码02释义：从页面找到TextField文本输入框。

代码03释义：从TextField文本输入框中获取到用户输入的文本。

代码04释义：对单选框是否被选中进行判断。

代码05释义：从页面上找到日期组件。

代码06释义：对表单上的数据进行整合。

代码07释义：将整合后的数据通过弹窗呈现到前台。

6.3.5 展示效果

运行程序后首先进入应用主页面如图6-29所示。

在主页面的表单中输入相关数据，如图6-30所示，其中姓名需要使用虚拟键盘进行输入，并不能通过计算机的键盘输入；性别可以直接通过单击单选框进行选择；在使用日期组件时，可以通过按住鼠标左键并施动鼠标的方式进行调整。

输入相关内容后，单击提交表单按钮，效果如图6-31所示。后台正常接收到从表单传递过来的数据，在处理完成后会将处理结果返回给前台。

图6-29

图6-30

图6-31

6.3.6 项目结构

项目结构如图6-32所示。

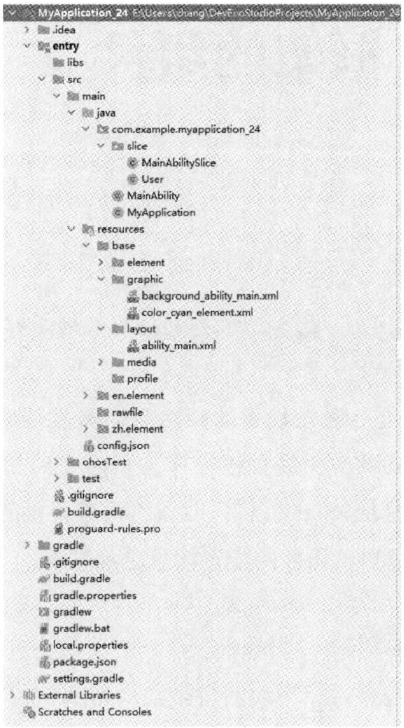

图6-32

6.4 课后习题

（1）HarmonyOS应用中的常见布局有哪些？

（2）HarmonyOS应用中是否可以自定义布局？

（3）布局是否会继承组件的公有属性？

（4）布局的私有属性应该在哪里进行定义？

（5）布局初始定义的属性是否可进行修改？

第7章　ArkUI框架的组件

7.1　ArkUI框架概述

ArkUI框架（方舟开发框架）是一种跨设备的高性能UI开发框架，支持声明式编程和跨设备多态UI。ArkUI框架采用类HTML和CSS的Web编程语言作为页面布局和页面样式的开发语言，页面业务逻辑则采用支持ECMAScript规范的JavaScript语言。ArkUI框架提供的类Web编程范式，可以让开发者避免编写UI状态切换的代码，也可以让组件的配置信息更加直观。

7.1.1　ArkUI框架的目录结构

使用ArkUI框架的FA应用的JavaScript模块的目录结构如图7-1所示。

- index.hml是HML模板文件，这个文件用来描述当前页面的文件布局结构。
- index.css是CSS样式文件，这个文件用于描述页面样式。
- index.js是JavaScript文件，这个文件用于处理页面和用户的交互。
- app.js文件用于配置全局JavaScript逻辑和应用生命周期管理。
- pages目录用于存放所有组件页面。
- common目录用于存放公共资源文件，比如媒体资源、自定义组件和JavaScript文件等。
- resources目录用于存放资源配置文件，比如多分辨率加载等相关的配置文件，详见资源限定与访问章节。
- i18n目录用于存放不同语言场景的资源内容，比如应用文本词条、图片路径等资源。i18n和resources是开发保留文件夹，不可重命名。
- share目录用于存放多个实例共享的资源内容，比如share目录中的图片和JSON文件可被default1和default2实例共享。share目录当前不支持

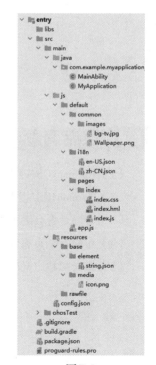

图7-1

i18n。如果share目录中的资源和default中的资源同名且目录一致时,实例中资源的优先级高于share中资源的优先级。

7.1.2 创建项目

打开DevEco Studio编辑器,选择File→New→New Project菜单,如图7-2所示。

图7-2

选择New Project之后,进入选择Ability模板的窗口,如图7-3所示,选择Empty Ability模板。

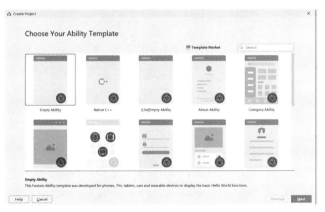

图7-3

单击Next按钮后,即可配置该项目的基本参数,其中Language选择JS,如图7-4所示,配置完成后,单击Finish按钮即可进入编写程序的阶段了。该页面中Project type分为Atomic Service(原子化服务)和Application(应用),Development mode分为Traditional Coding(传统化代码开发模式)和Super Visual(俗称:低代码开发模式)。

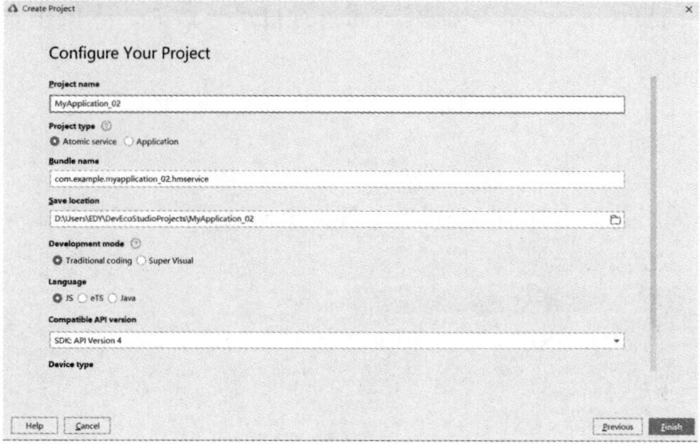

图7-4

项目创建完成后，其目录结构如图7-5所示。

图7-5

7.1.3　ArkUI框架的引用规则

应用资源可通过绝对路径或相对路径进行访问，ArkUI框架中绝对路径以"/"开头，相对路径以"./"或"../"开头。具体访问规则如下。

- 引用代码文件，推荐使用相对路径，比如 ../common/utils.js。
- 引用资源文件，推荐使用绝对路径，比如 /common/×××.png。
- 推荐将公共代码文件和资源文件放在common下，通过以上两条规则进行访问。
- CSS样式文件中通过url()函数创建URI数据类型，如 url(/common/×××.png)。
- 如果代码文件A和代码文件B位于同一目录，则代码文件B引用资源文件时可使用相对路径，也可使用绝对路径。
- 如果代码文件A和代码文件B位于不同目录，则代码文件B引用资源文件时必须使用绝对路径。
- 在JavaSript文件中通过数据绑定的方式指定资源文件路径时，必须使用绝对路径。

7.1.4　ArkUI框架的config.json配置文件

ArkUI框架的config.json配置文件的路径为src→main→config.json，其部分初始化内容如下。

```
...
"abilities": [
  {
"skills": [
  {
"entities": [
  "entity.system.home"
],
"actions": [
  "action.system.home"
]
  }
],
"name": "com.example.myapplicationfff.MainAbility",
"icon": "$media:icon",
"description": "$string:mainability_description",
"label": "$string:entry_MainAbility",
"type": "page",
"launchType": "standard"
  }
],
"js": [
```

```
{
  "pages": [
    "pages/index/index"
  ],
  "name": "default",
  "window": {
    "designWidth": 720,
    "autoDesignWidth": true
  }
}
```

可以看出，ArkUI框架的config.json文件的内容与Java UI框架的config.json文件的内容极为相似，差异主要在js结构处。

js结构中包含JavaScript实例名称、页面路由信息和窗口样式信息。

- name指JavaScript实例的名字。
- pages指页面路由信息。pages中包含每个页面的路由信息，每个页面的路由信息由页面路径与页面名组成，页面的文件名即页面名。pages中的第一个页面就是应用程序的首页，即entry入口。另外页面名不能由组件名进行命名，例如text.hml/button.hml。
- window指窗口样式信息，用于定义与显示窗口相关的配置。对于屏幕适配，有2种配置方法，其中一种配置方法是指定designWidth屏幕逻辑宽度（在手机和智慧屏上默认为720px，在智能穿戴设备上默认为454px，所有与窗口大小相关的样式均以designWidth和实际屏幕宽度的比例进行缩放）；另一种配置方法是将autoDesignWidth的值设置为true，此时designWidth将会被忽略，系统在渲染组件和布局时会按屏幕密度对与窗口大小相关的样式进行缩放。屏幕逻辑宽度由设备宽度和屏幕密度通过计算得出，在不同设备上可能不同，请使用相对布局来适配多种设备。
- DevEco Studio初始化JS UI框架的空Ability模板时，会自动替开发者创建一个default页面域，并在index文件夹下创建index.css、index.js、index.hml等。并且在config.json文件中已经在pages结构中标识出了页面路由信息。在写其他代码的过程中，如果页面信息没有被pages的路由信息标识出来，则无法进行页面跳转。

7.2 【实战】ArkUI框架的第一个应用开发

7.2.1 实战目标

（1）初步熟悉使用HML（HarmonyOS Markup Language，HarmonyOS标记语言）显式声明UI布局。

（2）初步熟悉使用JavaScript编写页面跳转功能。

(3)初步熟悉页面跳转。

(4)初步熟悉按钮组件。

7.2.2　通过HML显式编写第一个页面

修改 src→main→js→default→pages→index→index.hml 文件,代码如下。

```
<div class="container">
<!-- 添加一段文本 -->
    <text class="text">
        Hello World
    </text>
<!-- 添加一个按钮,按钮样式设置为胶囊型,文本显示为Next,绑定launch事件 -->
    <button class="button" type="capsule" value="Next" onclick="launch"></button>
</div>
```

这里使用的都是类似HTML的标签。

通过div标签可以把文档分割为多个独立的部分。它可以用作严格的组织工具,并且不使用任何格式与其关联。class指选择命名为container的样式(该样式稍后进行编写)。

text标签指输入的文本,在HTML中并没有text标签,都使用p标签或h1标签进行内容编写,或者通过body标签中的text属性进行编写。但HTML5已不再支持body的text属性,后续通常使用CSS代码对其进行替代。Harmony的text标签是其原创的标签内容。

Button是按钮组件,其类型包括胶囊按钮、圆形按钮、文本按钮、弧形按钮、下载按钮。Button的type属性不支持动态修改。如果该属性省略,表示类胶囊按钮,不同于胶囊按钮,四边圆角可以通过border-radius分别指定。如果需要设置type属性,则可选值包括capsule(胶囊按钮)、带圆角按钮,有背景颜色和文本;circle(圆形按钮),支持放置图标;text(文本按钮),仅包含文本;arc(弧形按钮),仅支持智能穿戴设备;download(下载按钮),额外增加下载进度条功能,仅支持手机和智慧屏。

HML是一套类HTML的标记语言,通过组件、事件构建出页面的内容。页面具备数据绑定、事件绑定、列表渲染、条件渲染和逻辑控制等高级功能。事件通过onclick或@click等形式绑定在组件上,当组件触发事件时会执行JavaScript文件中对应的事件处理函数。示例如下。

```
<input type="button" class="btn" value="increase" onclick="increase" />
<input type="button" class="btn" value="decrease" @click="decrease" />
```

7.2.3　通过CSS编写第一个页面的样式

修改 src→main→js→default→pages→index→index.css 文件,代码如下。

```css
.container {
    flex-direction: column;
    justify-content: center;
    align-items: center;
    width:100%;
    height:100%;
}
.text {
    font-size: 42px;
    text-align: center;
}
```

CSS是描述用HML编写的页面结构的样式语言。所有组件均存在系统默认样式，也可在页面CSS样式文件中对组件、页面自定义不同的样式。

每个页面目录下存在一个与HML文件同名的CSS文件，用来描述该页面中组件的样式，决定组件应该如何显示。为了实现模块化管理和代码复用，CSS样式文件支持通过@import语句导入，示例如下。

```css
/* index.css */
@import '../../common/style.css';
.container {
  justify-content: center;
}
```

CSS选择器用于选择需要添加样式的元素，支持的选择器如表7-1所示。

表7-1

选择器	样例	样例描述
.class	.container	用于选择class="container"的组件
#id	#titleId	用于选择id="titleId"的组件
tag	text	用于选择text组件
,	.title, .content	用于选择class="title"或class="content"的组件
#id .class tag	#containerId .content text	非严格父子关系的后代选择器，选择以id="containerId"的组件作为祖先元素、class="content"的组件作为次级祖先元素的所有text组件。如需使用严格的父子关系，可以使用">"代替空格，如：#containerId>.content

CSS选择器的使用示例如下。

```css
/* 页面样式×××.css */
/* 对所有div组件设置样式 */
div {
```

```css
    flex-direction: column;
}
/* 对class="title"的组件设置样式 */
.title {
    font-size: 30px;
}
/* 对id="contentId"的组件设置样式 */
#contentId {
    font-size: 20px;
}
/* 对所有class="title"或class="content"的组件都设置padding为5px */
.title, .content {
    padding: 5px;
}
/* 对class="container"的组件下的所有text设置样式 */
.container text {
    color: #007dff;
}
/* 对class="container"的组件下的直接后代text设置样式 */
.container > text {
    color: #fa2a2d;
}
```

7.2.4 编写第一个页面的JavaScript脚本

修改src→main→js→default→pages→index→index.js文件，代码如下。

```js
import router from '@system.router';

export default {
    launch() {
        router.push({
            uri:'pages/index/details/details', // 指定要跳转的页面
        })
    }
}
```

上述代码中的import语句的作用是引入功能模块。

除了功能模块之外，import语句还可以导入JavaScript代码，示例如下。

```js
import utils from '../../common/utils.js';
```

- export default 引出代码块，可以在其中编写 JavaScript 相关代码。
- launch 是自定义函数的名称。
- router.push()JavaScript 的内置函数，用于跳转至下一页面。

7.2.5 使用 HML 显式编写第二个页面、样式、脚本

右击 src→main→js→default→pages→index 文件夹，选择 New→JS Page 菜单，创建 ArkUI 的页面，命名为 details 如图 7-6 所示。

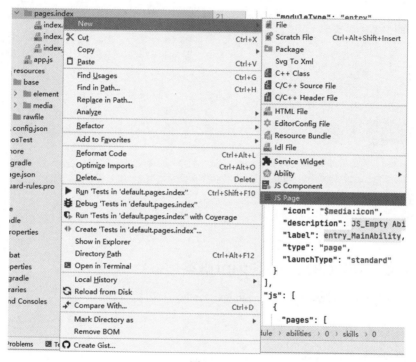

图 7-6

修改 src→main→js→default→pages→index→details-> details.hml，代码如下。

```
<div class="container">
    <text class="text">
        Hi there
    </text>
</div>
```

修改 src→main→js→default→pages→index→details→details.js，代码如下。

```
export default {
```

```
        data: {
            title: 'World'
        }
}
```

注：details.css 与 index.css 相同。

7.2.6 展示效果

运行程序后，效果如图7-7所示。

单击Next按钮后，效果如图7-8所示。

图7-7

图7-8

7.2.7 项目结构

本实战项目结构如图7-9所示。

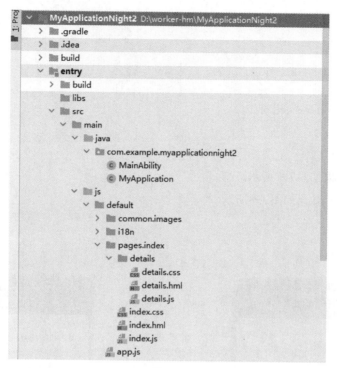

图 7-9

7.3 ArkUI框架组件

组件（Component）是构建页面的核心。组件通过对数据和方法的简单封装，实现独立的可视、可交互功能。组件之间相互独立，随取随用，也可以在需求相同的地方重复使用。

开发者可以通过对组件合理的搭配，定义满足业务需求的新组件，减少开发量。自定义组件的开发方法请参见自定义组件。

7.3.1 ArkUI框架组件的分类

可以根据ArkUI框架组件的功能，将它们分为以下六大类，如表7-2所示。

表7-2

组件类型	主要组件
容器组件	badge、dialog、div、form、list、list-item、list-item-group、panel、popup、refresh、stack、stepper、stepper-item、swiper、tabs、tab-bar、tab-content
基础组件	button、chart、divider、image、image-animator、input、label、marquee、menu、option、picker、picker-view、piece、progress、qrcode、rating、richtext、search、select、slider、span、switch、text、textarea、toolbar、toolbar-item、toggle、web

续表

组件类型	主要组件
媒体组件	camera、video
画布组件	canvas
栅格组件	grid-container、grid-row、grid-col
svg组件	svg、rect、circle、ellipse、path、line、polyline、polygon、text、tspan、textPath、animate、animateMotion、animateTransform

7.3.2　ArkUI框架组件的公有属性

ArkUI框架组件与Java UI框架组件相似，都含有公有的组件属性。某些组件除了含有公有属性之外还含有私有的属性。通常属性都在.hml文件中进行编写，示例代码如下。

```
<list id="123" class="container"></list>
```

ArkUI框架组件的公有属性如下。

- id：组件的唯一标识，string类型，非必填项。
- style：组件的样式声明，string类型，非必填项。
- class：组件的样式类，用于引用样式表，string类型，非必填项。
- ref：用来指定指向子组件的引用信息，该引用信息将被注册到父组件的$refs 属性对象上。string类型，非必填项。
- disabled：用来设置当前组件是否被禁用，在禁用场景下，组件将无法响应用户的操作，boolean类型，非必填项，默认值为false，即当前组件没有被禁用。
- focusable：用来设置当前组件是否可以获取焦点。当focusable的值被设置为true时，组件可以响应焦点事件和按键事件。当组件添加了按键事件或者单击事件时，ArkUI框架会将该属性的值设置为true。该属性为非必填项。
- data：通过给当前组件设置data-× 属性，让当前组件支持相应的数据存储和读取操作。该属性的名称对大小写不敏感，如data-A和data-a默认相同。JavaScript 文件中，在事件回调时使用 e.target.dataSet.a 读取数据，e为事件回调方法入参。使用$element或者$refs获取DOM元素后，通过 dataSet.a 进行访问。
- click-effect：设置组件的弹性单击效果。该属性有3种取值，其中spring-small用于小面积组件，缩放90%；spring-medium用于中面积组件，缩放95%；spring-large 用于大面积组件，缩放95%。
- dir：用于设置组件布局模式，支持设置rtl、ltr和auto这3种属性值。rtl表示使用从右往左布局模式；ltr表示使用从左往右布局模式；auto表示模式由系统语言环境决定，默认值为auto。该属性为非必填项。

ArkUI组件的公有属性皆为非必填项。

7.3.3 ArkUI框架组件的渲染属性

ArkUI组件普遍支持组件的渲染属性。这部分渲染属性的语法类似JSP（Java Server Pages, Java服务器页面）的语法。ArkUI组件的渲染属性如下。

- for属性为Array类型的，根据设置的数据列表，展开当前元素。
- if属性为boolean类型的，根据设置的boolean值，添加或移除当前元素。
- show属性为boolean类型的，根据设置的boolean值，显示或隐藏当前元素。

在JavaScriptUI与服务器进行通信之后，开发者可以直接修改JavaScript中的变量的值，进而将通信结果实时更新到界面之中。借助动态编程与逻辑控制，开发者可以实现更为复杂的组件动态展示能力。

1．【实战】体验for循环

for循环可以根据数组创建以数组内容作为属性的组件。for循环是通过ArkUI框架组件的for属性实现的。

for循环的实现代码如下。

编写js脚本文件src→main→js→default→pages→index→index.js，代码如下。

```
export default {
    data: {
        books : [
            {name:"鲁滨逊漂流记",another:"丹尼尔·笛福"},
            {name:"格列佛游记",another:"乔纳森·斯威夫特"},
            {name:"汤姆索亚历险记",another:"马克·吐温"}
        ]
    },
    onInit() {
        this.title = this.$t('strings.world');
    }
}
```

编写hml页面文本src→main→js→default→pages→index→index.xml，代码如下。

```
<div class="container">
  <text for="{{books}}">
    {{$idx +1}} {{$item.name}} {{$item.another}}
  </text>
</div>
```

展示效果如图7-10所示。

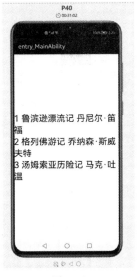

图 7-10

从上述展示效果来看,books 中的元素被迭代成了 item 变量,并被展示到页面中,即在页面中输出了 3 段文本。也可以使用 book 变量来代替 item 变量,特别是在进行多重循环时,可以使变量被展示得更加清晰,代替 item 变量时需要增加"in"关键字,展示代码如下。

```
<div class="container">
  <text for="{{book in books}}">
    {{$idx +1}} {{book.name}} {{book.another}}
  </text>
</div>
```

也可以用 bookID 替换 idx,方便观察,展示代码如下。

```
<div class="container">
  <text for="{{(bookId,book) in books}}">
    {{bookId +1}} {{book.name}} {{book.another}}
  </text>
</div>
```

for 循环时也可以省略用于动态判断的"{{}}"符号,不过在实际编写代码时不建议省略,展示代码如下。

```
<div class="container">
  <text for="(bookId,book) in books">
    {{bookId +1}} {{book.name}} {{book.another}}
  </text>
</div>
```

以上3种代码的实现效果均如图7-6所示。

2.【实战】体验if判断

通过if判断可以控制组件是否显示，示例代码如下。

编写hml页面文件src→main→js→default→pages→index→index.hml，代码如下。

```
<div class="container" >
  <text if="{{isGamer}}">你好玩家</text>
  <text if="{{isGameMaker}}">你好游戏创作者</text>
</div>
```

编写js脚本文件src→main→js→default→pages→index→index.js，代码如下。

```
export default {
    data: {
        isGamer: true,
        isGameMaker: false
    },
    onInit() {
        this.title = this.$t('strings.world');
    }
}
```

展示效果如图7-11所示。

图7-11

也可以使用elif属性，示例代码如下。

编写hml页面文件src→main→js→default→pages→index→index.hml，代码如下。

```
<div class="container" >
  <text if="{{isGamer}}">你好玩家</text>
  <text elif="{{isGameMaker}}">你好游戏创作者</text>
</div>
```

编写js脚本文件src→main→js→default→pages→index→index.js，代码如下。

```
export default {
    data: {
        isGamer: false,
        isGameMaker: true
    },
    onInit() {
        this.title = this.$t('strings.world');
    }
}
```

展示效果如图7-12所示。

图7-12

if属性的值为boolean类型的值，可以使用以下形式进行编写。

编写hml页面文件src→main→js→default→pages→index→index.hml，代码如下。

```
<div class="container" >
```

```
  <text if="{{age > 18}}" >你好成年人</text>
  <text if="{{age < 18}} ">你好未成年人</text>
</div>
```

编写js脚本文件src→main→js→default→pages→index→index.js，代码如下。

```
export default {
    data: {
        age: 1
    },
    onInit() {
        this.title = this.$t('strings.world');
    }
}
```

展示效果如图7-13所示。

图7-13

if判断与for循环组合使用的示例代码如下。

编写hml页面文件src→main→js→default→pages→index→index.hml，代码如下。

```
<list>
  <block for="{{books}}">
    <list-item>
      <text>{{$item.name}}</text>
      <text if="{{$item.number >= 1}}">有剩余</text>
      <text else>无剩余</text>
```

```
      </list-item>
    </block>
</list>
```

编写js脚本文件src→main→js→default→pages→index→index.js，代码如下。

```
export default {
    data: {
        books : [
            {name:"鲁滨逊漂流记",another:"丹尼尔·笛福",number:0},
            {name:"格列佛游记",another:"乔纳森·斯威夫特",number:30},
            {name:"汤姆索亚历险记",another:"马克·吐温",number:30}
        ]
    },
    onInit() {
        this.title = this.$t('strings.world');
    }
}
```

上述代码中的list为列表容器，在第8章中有所讲述。

if判断与for循环组合使用的效果如图7-14所示。

图7-14

3.【实战】体验show展示

show展示与if判断有些相似，也是一种判断形式，show展示主要负责判断当前标签是否会进行渲染，示例代码如下。

编写hml页面文件src→main→js→default→pages→index→index.hml，代码如下。

```
<list>
    <block for="{{books}}">
        <list-item show="{{$item.isShow}}">
            <text>{{$item.name}}</text>
            <text if="{{$item.number >= 1}}">有剩余</text>
            <text else>无剩余</text>
        </list-item>
    </block>
</list>
```

编写js脚本文件src→main→js→default→pages→index→index.js，代码如下。

```
export default {
    data: {
        books : [
            {name:"鲁滨逊漂流记",another:"丹尼尔·笛福",number:0, isShow:true},
            {name:"格列佛游记",another:"乔纳森·斯威夫特",number:30, isShow:false},
            {name:"汤姆索亚历险记",another:"马克·吐温",number:30, isShow:true}
        ]
    },
    onInit() {
        this.title = this.$t('strings.world');
    }
}
```

show展示的使用效果如图7-15所示。

图7-15

7.3.4 ArkUI框架组件的公有样式

ArkUI框架组件普遍支持在style或CSS代码中设置组件的外观样式。这部分内容与HTML+CSS代码十分相似，示例代码如下。

```
.container {
    flex-direction: column;
    justify-content: center;
    align-items: center;
}
//CSS代码中的"."是选择器
<list class="container"></list>
```

除了在CSS文件中编写样式之外还可以直接将样式写在标签之中，不过通常不建议采用这种编写方式，示例如下。

```
<text style="color: blue;">张方兴</text>
```

ArkUI框架组件的公有样式如下。

- width：用于设置组件的宽度，默认为组件自身内容需要的宽度。
- height：用于设置组件的高度，默认为组件自身内容需要的高度。
- min-width：用于设置组件的最小宽度，它的取值可以是数字或百分比。
- min-height：用于设置组件的最小高度。
- max-width：用于设置组件的最大宽度。默认无限制。
- max-height：用于设置组件的最大高度。默认无限制。
- padding：使用简写属性设置内边距。该属性可以有1到4个值，指定1个值时，该值用于指定4个内边距；指定2个值时，第一个值用于指定上、下两边的内边距，第二个值指定左、右两边的内边距；指定3个值时，第一个值用于指定上边的内边距，第二个值用于指定左、右两边的内边距，第三个值用于指定下边的内边距；指定4个值时，4个值分别为上、右、下、左边的内边距（顺时针顺序）。
- padding-[left|top|right|bottom] [1]：设置左、上、右、下边的内边距。
- padding-[start|end]：设置起始边和结束边的内边距。
- margin：使用简写属性设置外边距。该属性可以有1到4个值，指定1个值时，这个值用于指定4个外边距；指定2个值时，第一个值被匹配给上外边距和下外边距，第二个值被匹配给左外边距和右外边距；指定3个值时，第一个值被匹配给上外边距，第二个值被匹配给左外边距和

---

[1] padding-[left|top|right|bottom]为padding-left、padding-top、padding-right、padding-bottom 4种参数的缩写。

右外边距，第三个值被匹配给下外边距；指定4个值时，会依次按上、右、下、左的顺序指定对应边的外边距。
- margin-[left|top|right|bottom]：用于设置左、上、右、下边的外边距。
- margin-[start|end]：用于设置起始边和结束边的外边距。

公有样式的值可以是数字或百分比，示例如下。
- border：使用简写属性设置所有的边框属性，包含边框的宽度、样式、颜色属性，设置顺序为宽度、样式、颜色，不设置该属性时，各属性的值为默认值。示例如下。

```
border: 100px,solid,black;
```

- border-style：使用简写属性设置组件所有边框的样式。string可选项dotted，可以使边框显示为一系列圆点，圆点半径为border-width的值的一半；可选项dashed，可以使边框显示为一系列短的方形虚线；string可选项solid为默认属性，可以使边框显示为一条实线。示例如下。

```
border-style: dotted;
```

- border-[left|top|right|bottom]-style：分别用于设置组件的左、上、右、下4条边的边框的样式，string可选项有dotted、dashed、solid。示例如下。

```
    border-left-style: dotted;
```

- border-[left|top|right|bottom]：使用简写属性设置组件对应位置的边框属性，包含边框的宽度、样式、颜色属性，设置顺序为宽度、样式、颜色，不设置该属性时，各属性的值为默认值。示例如下。

```
border-left: 100px,solid,black;
```

- border-width：使用简写属性设置组件的所有边框的宽度，或者单独为各边的边框设置宽度。可输入length，默认为0[①]。示例如下。

```
border-width:10px;
```

- border-[left|top|right|bottom]-width：分别用于设置组件的左、上、右、下4条边的边框的宽度。可输入length，默认为0[①]。示例如下。

```
border-left-width:10px;
```

- border-color：使用简写属性设置组件的所有边框的颜色，或者单独为各边边框设置颜色。可输

---

① 可输入的length值也被写作<length>，其源于css之中的长度<length>属性通常由一个数字加上一个长度单位所构成。与所有css一样，单位与数字之间没有空格。有些组件支持使用负数长度值，而有些则不支持。

入color，默认为black [1]。示例如下。

```
border-color:white;
```

- border-[left|top|right|bottom]-color：分别用于设置组件的左、上、右、下4条边的边框的颜色。可输入color，默认为black。示例如下。

```
border-left-color:white;
```

- border-radius：用于设置组件的边框圆角半径。设置border-radius时不能单独设置某一条边的宽度、样式、颜色，如果要设置宽度、样式、颜色，需要将4条边一起设置。
- border-[top|bottom]-[left|right]-radius：分别用于设置组件左上、右上、右下和左下4个角的圆角半径。
- background：仅支持设置渐变样式，与background-color、background-image不兼容。
- background-color：用于设置组件的背景颜色。可输入color。示例如下。

```
background-color:black;
background-color:#000000;
```

- background-image：用于设置背景图片，与background-color、background不兼容，支持网络图片资源地址和本地图片资源地址，示例如下。

```
background-image: "/common/background.png";
```

- background-size：用于设置背景图片的大小。该属性的值可以是length数值、百分比、contain、cover、auto等。字符串contain用于把图片扩展至最大尺寸，以使其高度和宽度完全适用于内容区域。string可选项cover用于把背景图片扩展至足够大，以使背景图片完全覆盖背景区域，背景图片的某些部分也许无法显示在背景区域中。string可选项auto用于保持原图的比例不变。length数值用于设置背景图片的高度和宽度，其中第一个值用于设置宽度，第二个值用于设置高度，如果只设置一个值，则第二个值会被设置为"auto"。百分比，以父组件的百分比来设置背景图片的宽度和高度，其中第一个值用于设置宽度，第二个值用于设置高度，如果只设置一个值，则第二个值会被设置为"auto"。百分比值参数，以父组件的百分比来设置背景图片的宽

---

[1] 可输入的color值也被写作<color>，其源于css之中的颜色<color>属性，通常包括：
color_name规定颜色名称，比如background-color: red；
hex_number规定颜色值为十六进制，比如background_color:#ff0000；
rgb_number规定颜色值为rgb代码，比如background_color:rgb (255, 0, 0)。
这3种可进行编写的方式，其中color_name可以对照原生CSS的基础颜色关键字、系统颜色关键字、扩展颜色关键字的表进行编写，例如black、gray、white、red、purple、green等。

度和高度,其中第一个值用于设置宽度,第二个值用于设置高度,如果只设置一个值,则第二个值会被设置为"auto"。示例如下。

```
background-size:1%;
background-size:1px;
background-size:contain;
```

- background-repeat:用于设置背景图片的重复样式,背景图片默认在水平和垂直方向上重复。string可选项repeat,其为默认值,表示在水平方向和竖直方向上同时重复绘制图片。string可选项repeat-x在水平方向上重复绘制图片。string可选项repeat-y在竖直方向上重复绘制图片。string可选项no-repeat不重复绘制图片。示例如下。

```
background-repeat:repeat-x;
```

- background-position:用于以关键词方式进行设置,如果仅规定了一个关键词,那么刚规定的为"center"。两个值分别用于定义组件在水平方向和竖直方向的位置。该属性的值可以是string可选项、length数值、百分比,默认为0px。string可选项left代表水平方向上最左侧,string可选项right代表水平方向上最右侧,string可选项top代表竖直方向上最顶部,string可选项bottom代表竖直方向上最底部,string可选项center代表水平方向或竖直方向上中间位置。length数值,第一个值表示组件的水平位置,第二个值表示组件的垂直位置;页面左上角是0px, 0px;如果仅规定了一个值,另外一个值将是50%。百分比,第一个值表示组件的水平位置,第二个值表示组件的垂直位置;页面左上角是 0% 0%,右下角是 100% 100%;如果仅规定了一个值,另外一个值为50%。可以混合使用<percentage>和<length>。示例如下。

```
background-position:10px,center;
```

- box-shadow:通过这个属性可以设置当前组件的阴影样式,包括水平位置(必填)、垂直位置(必填)、模糊半径(可选,默认值为0)、阴影延展距离(可选,默认值为0)、阴影颜色(可选,默认值为黑色)。其语法为box-shadow:。示例如下。

```
box-shadow :10px 20px 5px 10px #888888
box-shadow :100px 100px 30px red
box-shadow :-100px -100px 0px 40px
```

- filter:通过这个属性可以设置当前组件或布局的内容模糊范围,用于指定模糊半径。如果没有设置值,则默认是0(不模糊)。该属性不支持使用百分比作为值。其语法为filter: blur(px)。示例如下。

```
filter: blur(10px)
```

- backdrop-filter：通过这个属性可以设置当前组件或布局的背景模糊范围，用于指定模糊半径。如果没有设置值，则默认是0（不模糊）。该属性不支持使用百分比作为值。其语法为backdrop-filter: blur(px)。示例如下。

```
backdrop-filter: blur(10px)
```

- window-filter：通过这个属性可以设置当前组件或布局的窗口模糊程度和模糊样式。如果没有设置值，则默认是0（不模糊）。有多块模糊区域时，不支持设置不同的模糊值和模糊样式。style可选值包括small_light（默认值）、medium_light、large_light、xlarge_light、small_dark、medium_dark、large_dark、xlarge_dark等。仅手机和平板设备支持该属性。其语法为window-filter: blur(percent), style。示例如下。

```
window-filter: blur(50%)
window-filter: blur(10%), large_light
```

- opacity：用于设置组件的透明度，取值范围为0到1，1表示不透明，0表示完全透明。默认值为1。示例如下。

```
opacity: 0.5;
```

- display：用于确定一个组件的框的类型，字符串flex表示弹性布局，string可选项none表示不渲染此组件。示例如下。

```
display:flex;
```

- visibility：用于设置是否显示组件所产生的框。不可见的框会占用布局（将display属性设置为none可以完全去除框）。string可选项visible表示正常显示组件。string可选项hidden表示隐藏组件，但是其他组件的布局不改变，相当于将此组件的颜色变成透明。visibility和display属性都设置时，仅display生效。

```
visibility:hidden;
```

- flex：用于规定当前组件如何适应父组件中的可用空间，仅父组件为div、list-item、tabs、refresh、stepper-item时生效。flex可以指定1个、2个或3个值。其语法如下。

```
单值语法
一个无单位数，用来设置组件的flex-grow
一个有效的宽度值，用来设置组件的flex-basis

双值语法
```

第一个值必须是无单位数,用来设置组件的 flex-grow。第二个值是以下值之一
一个无单位数,用来设置组件的 flex-shrink
一个有效的宽度值,用来设置组件的 flex-basis

三值语法
第一个值必须是无单位数,用来设置组件的 flex-grow;第二个值必须是无单位数,用来设置组件的 flex-shrink;第三个值必须是一个有效的宽度值,用来设置组件的 flex-basis

- flex-grow:用于设置组件的拉伸样式,仅父组件为 div、list-item、tabs、refresh、stepper-item 时生效。该属性的值为 0 时表示不拉伸。示例如下。

```
flex-grow:1;
```

- flex-shrink:用于设置组件的收缩样式,仅父组件为 div、list-item、tabs、refresh、stepper-item 时生效。组件仅在默认宽度之和大于父组件宽度的时候才会发生收缩,属性值为 0 时表示不收缩。示例如下。

```
flex-shrink: 1;
```

- flex-basis:用于设置组件在主轴方向上的初始大小,仅父组件为 div、list-item、tabs、<refresh>、stepper-item 时生效。该属性的值可以是 length 数值。示例如下。

```
flex-basis: 10;
```

- align-items:用于设置自身在父组件交叉轴上的对齐方式,该属性会覆盖父组件的 align-items 属性,仅在父组件为 div、list 时生效。string 可选值示例如下。

```
align-items:stretch  弹性元素在交叉轴方向被拉伸到与容器相同的高度或宽度
align-items:flex-start  元素向交叉轴起点对齐
align-items: flex-end  元素向交叉轴终点对齐
align-items:center  元素在交叉轴居中
align-items:baseline  元素在交叉轴基线对齐
```

- position:用于设置组件的定位类型,不支持动态变更。该属性有多种属性值,其中 absolute 仅在父组件为 div、stack 时生效。该属性的默认值为 relative。string 可选值示例如下。

```
position: fixed;  组件相对于整个界面进行定位
position: absolute;  组件相对于父元素进行定位
position: relative;  组件相对于其正常位置进行定位
```

left、top、right、bottom 属性需要配合 position 属性使用,可以用来确定组件的偏移位置,释义

如下。

  left属性规定组件的左边缘。该属性定义了定位元素左外边距边界与其包含块左边界之间的偏移。示例如下：left:1px;、left: 10%;
  top属性规定组件的顶部边缘。该属性定义了定位元素的上外边距边界与其包含块上边界之间的偏移。示例如下：top:1px;、top: 10%;
  right属性规定组件的右边缘。该属性定义了定位元素右外边距边界与其包含块右边界之间的偏移。示例如下：right:1px;、right: 10%;
  bottom属性规定组件的底部边缘。该属性定义了定位元素的下外边距边界与其包含块下边界之间的偏移。示例如下：bottom:1px;、bottom: 10%;

7.3.5 ArkUI框架组件的公有事件

  ArkUI框架组件的公有事件类似于Java UI框架中的事件，通常在.hml文件中进行编写，需要在事件前面加上"on"关键字或"@"字符，"on"关键字的示例代码如下。

```
//这里表示手指触摸屏幕后移动时触发事件并调用×××.js文件中的doSomething()函数
<text on:touchmove="doSomething">张方兴</text>
export default {
    data: {
    },
    onInit() {
        this.title = this.$t('strings.world');
    },
    doSomething(){
        console.log("触发了doSomething")
    }
}
//值得注意的是这里每个函数都用逗号","进行分隔
```

  "@"字符的示例代码如下。

```
<text @touchmove="doSomething">张方兴</text>
```

  含入参的公有事件示例代码如下。
  编写hml页面文本src→main→js→default→pages→index→index.hml，代码如下。

```
<!-- ×××.hml -->
<div>
<div data-a="dataA" data-b="dataB"
style="width: 100%; height: 50%; @touchstart='touchstartfunc'></div>
```

```
</div>
// ×××.js
```

编写 js 脚本文件 src→main→js→default→pages→index→index.js，代码如下。

```
export default {
touchstartfunc(msg) {
console.info(`on touch start, point is: ${msg.touches[0].globalX}`);
console.info(`on touch start, data is: ${msg.target.dataSet.a}`);
}
}
```

ArkUI 框架组件的公有事件如表7-3所示。

表7-3

名称	参数	描述
touchstart	TouchEvent	手指刚触摸到屏幕时触发该事件
touchmove	TouchEvent	手指触摸屏幕后移动时触发该事件
touchcancel	TouchEvent	手指触摸屏幕的动作被打断时触发该事件
touchend	TouchEvent	手指触摸结束离开屏幕时触发该事件
click	—	单击动作触发该事件
doubleclick	—	双击动作触发该事件
longpress	—	长按动作触发该事件
focus	—	当组件获得焦点时触发该事件，span 组件无法获取焦点
blur	—	当组件失去焦点时触发该事件，span 组件无法失去焦点
key	KeyEvent	智慧屏特有的按键事件，当用户操作遥控器按键时触发 返回 true 表示页面自己处理按键事件 返回 false 表示使用默认的按键事件处理逻辑 不返回值作为 false 处理
swipe	SwipeEvent	在组件上快速滑动后触发该事件
attached	—	当前组件节点挂载在渲染树后触发
detached	—	当前组件节点从渲染树中移除后触发
pinchstart	PinchEvent	手指开始执行捏合操作时触发该事件
pinchupdate	PinchEvent	手指执行捏合操作过程中触发该事件
pinchend	PinchEvent	手指捏合操作结束离开屏幕时触发该事件
pinchcancel	PinchEvent	手指捏合操作被打断时触发该事件
dragstart	DragEvent	用户开始拖曳手指时触发该事件
drag	DragEvent	拖曳手指过程中触发该事件

续表

名称	参数	描述
dragend	DragEvent	用户拖曳手指完成后触发
dragenter	DragEvent	进入区域时触发该事件
dragover	DragEvent	在释放目标区域内拖动时触发
dragleave	DragEvent	离开释放目标区域时触发
drop	DragEvent	在可释放目标区域内释放时触发

公有事件含有的属性如表7-4所示。

表7-4

属性	类型	说明
type	string	当前事件的类型，比如click、longpress等
timestamp	number	该事件触发时的时间戳
deviceId	number	触发该事件的设备ID信息

TouchEvent对象继承于BaseEvent，其含有的属性如表7-5所示。

表7-5

属性	类型	说明
touches	Array<TouchInfo>	触摸事件的属性集合，包含屏幕触摸点的信息数组
changedTouches	Array<TouchInfo>	触摸事件的属性集合，包括产生变化的屏幕触摸点的信息数组。数据格式和touches一样。该属性表示有变化的触摸点，如从无变有、位置变化、从有变无。例如用户手指刚接触屏幕时，touches数组中有数据，但changedTouches中无数据

TouchInfo对象含有的属性如表7-6所示。

表7-6

属性	类型	说明
globalX	number	与屏幕左上角（不包括状态栏）的横向距离，屏幕的左上角为原点
globalY	number	与屏幕左上角（不包括状态栏）的纵向距离，屏幕的左上角为原点
localX	number	与被触摸组件左上角的横向距离，组件的左上角为原点
localY	number	与被触摸组件左上角的纵向距离，组件的左上角为原点
size	number	触摸接触面积
force	number	接触力度信息

KeyEvent对象继承于BaseEvent，其含有的属性如表7-7所示。

表 7-7

属性	类型	说明
code	number	智慧屏遥控器的按键值。19代表上键，20代表下键，21代表左键，22代表右键，23代表智慧屏遥控器的确定键，66代表键盘Enter键，160代表小键盘Enter键
action	number	按键事件的类型 0代表down 1代表up 2代表multiple 用户单击一次遥控器按键，通常会触发两次key事件，先触发down事件，再触发up事件 当用户按住按键时，action的值为2，此时repeatCount将返回按键次数
repeatCount	number	重复按键次数
timestampStart	number	按键时的时间戳

SwipeEvent 对象继承于 BaseEvent，其含有的属性如表 7-8 所示。

表 7-8

属性	类型	说明
direction	string	滑动方向 left代表向左滑动 right代表向右滑动 up代表向上滑动 down代表向下滑动
distance	number	在滑动方向上的滑动距离

PinchEvent 对象含有的属性如表 7-9 所示。

表 7-9

属性	类型	说明
scale	number	缩放比例
pinchCenterX	number	捏合中心点x轴坐标，单位为px
pinchCenterY	number	捏合中心点y轴坐标，单位为px

DragEvent 对象继承于 BaseEvent，其含有的属性如表 7-10 所示。

表7-10

属性	类型	说明
type	string	事件名称
globalX	number	与屏幕左上角坐标原点横向距离
globalY	number	与屏幕左上角坐标原点纵向距离
timestamp	number	时间戳

当组件触发事件后，事件回调方法会收到一个事件对象（target），通过该事件对象可以获取相应的信息。

target对象含有的属性如表7-11所示。

表7-11

属性	类型	说明
dataSet	Object	组件上通过公有属性设置的data-×的自定义属性组成的集合

7.3.6 ArkUI框架获取组件的方式

ArkUI框架获取组件依靠的是this关键字，通过组件的id进行获取，示例代码如下。

```
this.$element('id')
```

该'id'为ArkUI框架组件的公有属性中的id。

7.3.7 ArkUI框架组件的公有方法

ArkUI框架组件的公有方法是写在.js文件中的脚本代码，当某一事件需要执行某一函数时，即可在该函数下调用公有方法。公有方法是每个组件都有的方法。

当组件通过id属性标识后，可以使用该id获取组件对象并调用相关组件方法。ArkUI框架组件常见的公有方法如下。

- this.$element('id').focus(Object)：支持focusable属性的组件均支持focus()方法，通过focus(focusParam: FocusParam)方法请求遥控器焦点。示例代码如下。

```
this.$element('id').focus();
```

- this.$element('id').rotation(Object)：仅有组件picker-view、list、slider、swiper支持rotation()方法，通过rotation(focusParam: FocusParam)方法请求旋转表冠焦点。示例代码如下。

```
this.$element('id').rotation();
```

- this.$element('id').getBoundingClientRect()：获取组件的大小及其相对于窗口的位置。示例代码如下。

```
// xxx.js
var rect = this.$element('id').getBoundingClientRect();
console.info(`current element position is ${rect.left}, ${rect.top}`);
```

this.$element('id').createIntersectionObserver()：监听组件在当前页面的可见范围。示例代码如下。

```
// xxx.js
var rect = this.$element('id').getBoundingClientRect();
console.info(`current element position is ${rect.left}, ${rect.top}`);
```

7.4 常见组件的实战体验

7.4.1 【实战】体验text组件

text是文本组件，用于呈现一段文本信息。示例代码如下。

编写hml页面文本src→main→js→default→pages→index→index.hml，代码如下。

```
<div class="container">
    <div class="content">
        <text class="title">
            Hello {{ title }}
        </text>
    </div>
</div>
```

编写css页面样式src→main→js→default→pages→index→index.css，代码如下。

```
.container {
    display: flex;
    justify-content: center;
    align-items: center;
}
.content{
    width: 400px;
    height: 400px;
    border: 20px;
```

```
    border-image-source: url("/common/images/bg-tv.jpg");
    border-image-slice: 20px;
    border-image-width: 30px;
    border-image-outset: 10px;
    border-image-repeat: round;
}
.title {
    font-size: 80px;
    text-align: center;
    width: 400px;
    height: 400px;
}
```

编写js脚本文件src→main→js→default→pages→index→index.js,示例代码如下。

```
export default {
    data: {
        title: 'World'
    }
}
```

展示效果如图7-16所示(图中的边框是为了表现CSS效果,实际并不存在)。

图 7-16

7.4.2 【实战】体验input组件

input是交互式组件,用于接收用户数据。其类型可为日期、多选框和按钮等。示例代码如下。

```
<div class="container">
    <input type="text">
        Please enter the content
    </input>
</div>
```

index.css

```css
.container {
    flex-direction: column;
    justify-content: center;
    align-items: center;
    background-color: #F1F3F5;
}
```

展示效果如图7-17所示。

图7-17

7.4.3 【实战】体验button组件

button是按钮组件，其类型包括胶囊按钮、圆形按钮、文本按钮、弧形按钮、下载按钮等。示例代码如下。

编写hml页面文本src→main→js→default→pages→index→index.hml，代码如下。

```html
<div class="container">
    <button type="capsule" value="Capsule button"></button>
</div>
```

编写css样式文件src→main→js→default→pages→index→index.css，代码如下。

```css
.container {
    flex-direction: column;
```

```
    justify-content: center;
    align-items: center;
    background-color: #F1F3F5;
}
```

展示效果如图7-18所示。

图7-18

7.4.4 【实战】体验list组件

list是用来显示列表的组件，包含一系列相同宽度的列表项，适合连续、多行地呈现同类数据。示例代码如下。

编写hml页面文本src→main→js→default→pages→index→index.hml，代码如下。

```
<div class="container">
    <list>
        <list-item class="listItem"></list-item>
        <list-item class="listItem"></list-item>
        <list-item class="listItem"></list-item>
        <list-item class="listItem"></list-item>
    </list>
</div>
```

编写css样式文件src→main→js→default→pages→index→index.css，代码如下。

```
.container {
    flex-direction: column;
    align-items: center;
    background-color: #F1F3F5;
}
.listItem{
    height: 20%;
    background-color:#d2e0e0;
    margin-top: 20px;
}
```

展示效果如图7-19所示。

图7-19

7.4.5 【实战】体验picker组件

picker是滑动选择器组件，类型分为普通选择器、日期选择器、时间选择器、时间日期选择器和多列文本选择器等。直接使用picker的效果类似一个空的弹窗，开发者可以对其进行更改，使其变成时间选择器。picker的hours属性用于定义时间的展现格式，可选格式有12小时制和24小时制。展示代码如下。

编写hml页面文本src→main→js→default→pages→index→index.hml，代码如下。

```
<div class="container">
    <picker id="picker_time" type="time" value="12小时制时间选择" hours="12"
```

```
onchange="timeonchange" class="pickertime"></picker>
    <picker id="picker_time" type="time" value="24小时制时间选择" hours="24"
onchange="timeonchange" class="pickertime"></picker>
</div>
```

编写css样式文件src→main→js→default→pages→index→index.css，代码如下。

```
.container {
    flex-direction: column;
    justify-content: center;
    align-items: center;
    background-color: #F1F3F5;
}
.pickertime {
    margin-bottom:50px;
    width: 300px;
    height: 50px;
}
```

展示效果如图7-20和图7-21所示。

图7-20

图7-21

7.4.6 【实战】体验dialog组件

dialog组件用于创建自定义弹窗，通常用来展示用户当前需要或者必须关注的信息或操作。展示代码如下。

编写 hml 页面文本 src→main→js→default→pages→index→index.hml，代码如下。

```html
<div class="doc-page">
    <dialog class="dialogClass" id="dialogId">
        <div class="content">
            <text>this is a dialog</text>
        </div>
    </dialog>
    <button value="click me" onclick="openDialog"></button>
</div>
```

编写 css 样式文件 src→main→js→default→pages→index→index.css，代码如下。

```css
.doc-page {
    flex-direction: column;
    align-items: center;
    justify-content: center;
    background-color: #F1F3F5;
}
.dialogClass{
    width: 80%;
    height: 250px;
    margin-start: 1%;
}
.content{
    width: 100%;
    height: 250px;
    justify-content: center;
    background-color: #e8ebec;
    border-radius: 20px;
}
text{
    width: 100%;
    height: 100%;
    text-align: center;
}
button{
    width: 70%;
    height: 60px;
}
```

编写 js 脚本文件 src→main→js→default→pages→index→index.js，代码如下。

```
export default {
   //Touch to open the dialog box.
   openDialog(){
       this.$element('dialogId').show()
   },
}
```

展示效果如图 7-22 和图 7-23 所示。

图 7-22

图 7-23

7.4.7 【实战】体验 stepper 组件

当一个任务需要多个步骤时，可以使用 stepper 组件展示当前进展。示例代码如下。

编写 hml 页面文本 src→main→js→default→pages→index→index.hml，代码如下。

```
<div class="container">
    <stepper>
        <stepper-item>
            <text>Step 1</text>
        </stepper-item>
        <stepper-item>
            <text>Step 2</text>
```

```
            </stepper-item>
        </stepper>
</div>
```

编写 css 样式文件 src→main→js→default→pages→index→index.css，代码如下。

```
.container {
    flex-direction: column;
    justify-content: center;
    align-items: center;
    background-color: #F1F3F5;
}
text{
    width: 100%;
    height: 100%;
    text-align: center;
}
```

展示效果如图 7-24 和图 7-25 所示。

图 7-24

图 7-25

7.4.8 【实战】体验tabs组件

tabs是一种常见的界面导航结构。通过页签容器，用户可以快捷地访问应用的不同界面。示例代码如下。

编写hml页面文本src→main→js→default→pages→index→index.hml，代码如下。

```
<div class="container" >
    <tabs>
        <tab-bar>
            <text>item1</text>
            <text>item2</text>
        </tab-bar>
        <tab-content>
            <div class="text">
                <text>content1</text>
            </div>
            <div class="text">
                <text>content2</text>
            </div>
        </tab-content>
    </tabs>
</div>
```

编写css样式文件src→main→js→default→pages→index→index.css，代码如下。

```
.container {
    flex-direction: column;
    justify-content: center;
    align-items: center;
    background-color: #F1F3F5;
}
.text{
    width: 100%;
    height: 100%;
    justify-content: center;
    align-items: center;
}
```

展示效果如图7-26和图7-27所示。

图 7-26　　　　　　　　　　　　　图 7-27

7.4.9 【实战】体验 image 组件

image 是图片组件，用来渲染展示图片。示例代码如下。

编写 hml 页面文本 src→main→js→default→pages→index→index.hml，代码如下。

```
<div class="container">
    <image src="/common/images/bg-tv.jpg"> </image>
</div>
```

编写 css 样式文件 src→main→js→default→pages→index→index.css，代码如下。

```
.container {
    flex-direction: column;
    align-items: center;
    justify-content: center;
    background-color:#F1F3F5;
}
image{
    width: 80%;
    height: 500px;
    border: 5px solid saddlebrown;
    border-radius: 20px;
```

```
    object-fit: contain;
    match-text-direction:true;
}
```

展示效果如图7-28所示。

图7-28

7.5 课后习题

（1）ArkUI框架组件的公有属性与Java UI框架组件的公有属性有什么相同点与不同点？

（2）ArkUI框架组件的公有属性在哪里进行配置？

（3）ArkUI框架组件的公有属性能否被后期更改？

（4）ArkUI框架组件的渲染属性中的if与show有什么区别？

（5）ArkUI框架组件的渲染属性中的if能否支持布尔运算？

（6）ArkUI框架中的for循环是用来做什么的？

（7）ArkUI框架组件的公有样式写到哪个文件里？

（8）ArkUI框架组件的公有事件写到哪个文件里？

（9）在ArkUI框架中如何获得HML上的组件？

（10）ArkUI框架组件的公有方法写到哪个文件里？

第8章 ArkUI框架的布局

8.1 ArkUI框架的常用布局

ArkUI框架的布局主要依赖ArkUI所提供的各种容器，常用的容器包括基础容器div、列表容器list、堆叠容器stack、页签容器tabs以及滑动容器swiper。其中页签容器tabs不支持可穿戴设备，其他容器支持各种设备。

在ArkUI中，布局也是容器。因为ArkUI的布局也是ArkUI的组件，即布局属于组件，所以这些组件都会继承第7章中介绍的公有事件、公有属性、公有样式、公有方法。

8.1.1 div基础容器

1. div的样式

div是基础容器，用作页面结构的根节点或用于对页面内容进行分组。基础容器除支持公有样式外，还支持表8-1所示的样式。

表8-1

名称	类型	描述
flex-direction	string	设置flex容器主轴方向 column：垂直方向从上到下 row：水平方向从左到右，默认值
flex-wrap	string	设置flex容器是单行还是多行显示，暂不支持动态修改 nowrap：不换行，单行显示，默认值 wrap：换行，多行显示
justify-content	string	设置flex容器当前行的主轴对齐格式 flex-start：组件位于容器的开头，默认值

续表

名称	类型	描述
justify-content	string	flex-end：组件位于容器的结尾
		center：组件位于容器的中心
		space-between：组件位于各行之间留有空白的容器内
		space-around：组件位于各行之前、之间、之后都留有空白的容器内
		space-evenly[5+]：均匀排列每个元素，每个元素之间的间隔相等
align-items	string	设置flex容器当前行的交叉轴对齐格式
		stretch：弹性元素在交叉轴方向上被拉伸到与容器相同的高度或宽度，默认值
		flex-start：元素向交叉轴起点对齐
		flex-end：元素向交叉轴终点对齐
		center：元素在交叉轴上居中
align-content	string	在交叉轴中有额外的空间时，设置多行内容的对齐格式
		flex-start：所有行从交叉轴起点开始填充，第一行的交叉轴起点边和容器的交叉轴起点边对齐，接下来的每一行都紧接前一行，默认值
		flex-end：所有行从交叉轴末尾开始填充，最后一行的交叉轴终点边和容器的交叉轴终点边对齐，同时所有后续行与其前一行对齐
		center：所有行朝向容器的中心填充。每行互相紧挨，相对于容器居中对齐。容器的交叉轴起点边和第一行的距离等于容器的交叉轴终点边和最后一行的距离
		space-between：所有行在容器中平均分布，相邻两行间距相等。容器的交叉轴起点边和终点边分别与第一行和最后一行的边对齐
		space-around：所有行在容器中平均分布，相邻两行间距相等。容器的交叉轴起点边和终点边分别与第一行和最后一行的距离是相邻两行间距的一半
display	string	确定该布局的类型，暂不支持动态修改
		flex：弹性布局，默认值
		grid：网格布局
		none：不渲染此元素
grid-template-[columns|rows]	string	设置当前网格布局行和列的数量，不设置时默认为1行1列，仅当display为grid时生效
		如设置grid-template-columns为50px 100px 60px：分3列，第一列的宽度为50px，第二列的宽度为100px，第三列的宽度为60px

续表

名称	类型	描述
grid-template-[columns|rows]	string	1fr 1fr 2fr：分3列，将父组件的宽度分为4等份，第一列占1份，第二列占1份，第三列占2份
		30% 20% 50%：分3列，以父组件的宽度为基准，第一列占30%，第二列占20%，第三列占50%
		repeat(2,100px)：分2列，第一列的宽度为100px，第二列的宽度为100px
		repeat(auto-fill,100px)[5+]：根据每列100px的宽度和交叉轴的宽度计算最大正整数重复次数，按照该重复次数将列的内容布满交叉轴
		auto 1fr 1fr：分3列，第一列自适应内部子组件所需宽度，剩余空间分为2等份，第二列占1份，第三列占1份
grid-[columns|rows]-gap	<length>	设置行与行的间距或者列与列的间距，也支持通过grid-gap设置相同的行列间距，仅当display为grid时生效，默认值为0
grid-row-[start|end]	number	设置当前元素在网格布局中的起止行号，仅当父组件display样式为grid时生效（仅div支持display样式设置为grid）
grid-column-[start|end]	number	设置当前元素在网格布局中的起止列号，仅当父组件display样式为grid时生效（仅div支持display样式设置为grid）
grid-auto-flow	string	使用框架的自动布局算法进行网格布局
		row：逐行填充元素，如果行空间不够，则新增行
		column：逐列填充元素，如果列空间不够，则新增列
overflow[6+]	string	设置元素内容超出元素本身限定的范围时超出部分的表现形式
		visible：多个子元素内容超出元素限定的范围时，超出部分显示在元素外面，默认值
		hidden：元素内容超出元素限定的范围时，对超出部分进行裁切显示
		scroll：元素内容超出元素限定的范围时，通过滚动显示超出部分并展示滚动条（当前只支持纵向滚动条）
align-items	string	设置容器中元素在交叉轴上的对齐方式
		stretch：flex容器内容在交叉轴方向上被拉伸到与容器相同的高度或宽度
		flex-start：flex布局容器内元素向交叉轴起点对齐
		flex-end：flex布局容器内元素向交叉轴终点对齐
		center：flex布局容器内元素在交叉轴居中对齐
		baseline：如flex布局为纵向排列，则该值与flex-start等效；如为横向布局，内容存在文本时按照文本基线对齐，否则按照底部对齐
scrollbar-color	<color>	设置滚动条的颜色

名称	类型	描述
scrollbar-width	<length>	设置滚动条的宽度
overscroll-effect	string	设置滚动边缘效果
		spring：弹性物理动效，滑动到边缘后可以根据初始速度或通过触摸事件继续滑动一段距离，松手后回弹
		fade：渐隐物理动效，滑动到边缘后展示一个波浪形的渐隐，根据速度和滑动距离的变化，渐隐效果也会有一定的变化
		none：滑动到边缘后无效果

2. div的事件

div除支持公有事件外，还支持表8-2中的事件。

表8-2

名称	参数	描述
reachstart	—	当页面滑动到最开始的点时触发的事件回调，当flex-direction: row时才会触发
reachend	—	当页面滑动到最末尾的点时触发的事件回调，当flex-direction: row时才会触发
reachtop	—	当页面滑动到最上部的点时触发的事件回调，当flex-direction: column时才会触发
reachbottom	—	当页面滑动到最下部的点时触发的事件回调，当flex-direction: column时才会触发

3. div的方法

div除支持公有方法外，还支持表8-3中的方法。

表8-3

名称	参数	返回值	描述
getScrollOffset	—	ScrollOffset	获取元素内容的滚动偏移，需要设置overflow样式为scroll
scrollBy	ScrollParam	—	指定元素内容的滚动偏移，需要设置overflow样式为scroll

4.【实战】体验div展示效果1

div "一排"示例的样式代码如下。

```
<!-- ×××.hml -->
<div class="container">
  <div class="flex-box">
    <div class="flex-item color-primary"></div>
      <div class="flex-item color-warning"></div>
      <div class="flex-item color-success"></div>
  </div>
</div>
```

```css
/* ×××.css */
.container {
  flex-direction: column;
  justify-content: center;
  align-items: center;
  width: 454px;
  height: 454px;
}
.flex-box {
  justify-content: space-around;
  align-items: center;
  width: 400px;
  height: 140px;
  background-color: #ffffff;
}
.flex-item {
  width: 120px;
  height: 120px;
  border-radius: 16px;
}
.color-primary {
  background-color: #007dff;
}
.color-warning {
  background-color: #ff7500;
}
.color-success {
  background-color: #41ba41;
}
```

div "一排" 示例的展示效果如图 8-1 所示。

图 8-1

5. 【实战】体验 div 展示效果 2

div "多排" 示例的样式代码如下。

```html
<!-- ×××.hml -->
<div class="common grid-parent">
  <div class="grid-child grid-left-top"></div>
  <div class="grid-child grid-left-bottom"></div>
  <div class="grid-child grid-right-top"></div>
  <div class="grid-child grid-right-bottom"></div>
</div>
```

```css
/* ×××.css */
.common {
  width: 400px;
  height: 400px;
  background-color: #ffffff;
  align-items: center;
  justify-content: center;
  margin: 24px;
}
.grid-parent {
  display: grid;
  grid-template-columns: 35% 35%;
  grid-columns-gap: 24px;
  grid-rows-gap: 24px;
  grid-template-rows: 35% 35%;
}
.grid-child {
  width: 100%;
  height: 100%;
  border-radius: 8px;
}
.grid-left-top {
  grid-row-start: 0;
  grid-column-start: 0;
  grid-row-end: 0;
  grid-column-end: 0;
  background-color: #3f56ea;
}
.grid-left-bottom {
  grid-row-start: 1;
  grid-column-start: 0;
  grid-row-end: 1;
  grid-column-end: 0;
```

```
  background-color: #00aaee;
}
.grid-right-top {
  grid-row-start: 0;
  grid-column-start: 1;
  grid-row-end: 0;
  grid-column-end: 1;
  background-color: #00bfc9;
}
.grid-right-bottom {
  grid-row-start: 1;
  grid-column-start: 1;
  grid-row-end: 1;
  grid-column-end: 1;
  background-color: #47cc47;
}
```

div"多排"示例的展示效果如图8-2所示。

图8-2

8.1.2 list列表容器

1. list的属性

list列表包含一系列相同宽度的列表项,可以连续、多行呈现同类数据,例如图片和文本。list的子组件只能是list-item-group和list-item。

list除支持公有属性之外，还支持表8-4所示的属性。

表8-4

名称	类型	描述
scrollpage	boolean	设置为true时，将list顶部页面中非list部分随list一起滑出可视区域。当list方向为row时，不支持此属性。默认值为false
cachedcount	number	长列表延迟加载时list-item的最少缓存数量，默认值为0
		可视区域外缓存的list-item数量少于该值时，会触发requestitem事件
scrollbar	string	侧边滚动条的显示模式（当前只支持纵向）
		off：不显示，默认值
		auto：按需显示（如触摸时显示，2s后消失）
		on：常驻显示
scrolleffect	string	组件的滑动效果
		spring：弹性物理动效，当组件滑动到边缘后可以根据其初始速度或通过触摸事件继续滑动一段距离，松手后回弹，默认值
		fade：渐隐物理动效，当组件滑动到边缘后展示波浪形的渐隐效果，根据速度和滑动距离的变化，渐隐效果也会有一定的变化
		no：当组件滑动到边缘后无效果
indexer	boolean | Array\<string\>	是否展示侧边快速字母索引栏。设置为true或者自定义索引时，索引栏会显示在列表右边界处
		true表示使用默认字母索引表
		false表示无索引。默认值为false
		['#','1','2','3','4','5','6','7','8']表示自定义索引表。自定义时"#"必须要存在
		indexer属性生效时需要将flex-direction属性设置为column，且columns属性设置为1
		单击索引栏进行列表项索引，需要给list-item子组件设置相应的section属性
indexercircle	boolean	是否展示环形索引
		在可穿戴设备中默认值为true，在其他设备中为false。indexercircle的值为false时不生效
indexermulti	boolean	是否开启索引栏多语言功能
		indexermulti的值为false时不生效，默认值为false

续表

名称	类型	描述
indexerbubble	boolean	是否开启索引切换的气泡提示，默认值为true
		indexerbubble的值为false时不生效
divider	boolean	用于设置item是否自带分隔线，默认值为false
		其样式的说明参考表8-5中的divider-color、divider-height、divider-length、divider-origin
shapemode	string	侧边滚动条的形状
		default：不指定，跟随主题，默认值为default
		rect：矩形
		round：圆形
itemscale	boolean	焦点处理时，可以通过这个属性取消焦点进出组件时的放大和缩小效果，该效果仅在智能穿戴设备和智慧屏上生效，默认值为true。
		仅在columns样式的值为1的时候生效
itemcenter	boolean	初始化的页面和滑动后的页面中总有一个item处于视口交叉轴的中心位置。该效果仅在智能穿戴设备上生效，默认值为false
updateeffect	boolean	用于设置当list内部的item执行删除或新增操作时是否支持动效
		false：新增或删除item时无过渡动效，默认值为false
		true：新增或删除item时播放过渡动效
chainanimation....	boolean	用于设置当前list是否启用链式联动动效，开启后列表被滑动以及列表顶部和底部被拖曳时会有链式联动的效果。链式联动效果：list内的list-item间隔一定距离，在基本的滑动交互行为下，主动对象驱动从动对象进行联动，驱动效果遵循弹簧物理动效
		false：不启用链式联动，默认值为false
		true：启用链式联动
		不支持动态修改
		如同时配置了indexer，链式联动动效不生效
		如配置了链式联动动效，list-item的sticky不生效。
scrollvibrate	boolean	用于设置当list滑动时是否有振动效果，仅在智能穿戴设备中生效，在其他场景中无振动效果
		true：列表在滑动时有振动效果，默认值为true
		false：列表在滑动时无振动效果

续表

名称	类型	描述
initialindex	number	用于设置当前list初次加载时视口起始位置显示的item，默认值为0，即默认显示第一个item。如设置的序号大于最后一个item的序号，则设置不生效。当同时设置了initialoffset属性时，当前属性不生效。当indexer为true或者scrollpage为true时，当前属性不生效
initialoffset	<length>	用于设置当前list初次加载时视口的起始偏移量。偏移量无法超过当前list可滑动的范围，如果超过会被截断为可滑动范围的极限值。当indexer为true或者scrollpage为true时，当前属性不生效。默认值为0
selected	string	指定当前列表中被选中激活的项，可选值为list-item的section属性值

2. list的样式

list除支持公有样式外，还支持表8-5所示的样式。

表8-5

名称	类型	描述
divider-color	<color>	item分隔线颜色，仅当list的divider属性为true时生效，默认值为transparent
divider-height	<length>	item分隔线高度，仅当list的divider属性为true时生效，默认值为1
divider-length	<length>	item分隔线长度，不设置时最大长度为主轴宽度，具体长度取决于divider-origin，仅当list的divider属性为true时生效，默认值为主轴宽度
divider-origin	<length>	item分隔线相对于item主轴起点位置的偏移量，仅当list的divider属性为true时生效，默认值为0
flex-direction	string	设置flex容器主轴的方向，指定flex项如何放置在flex容器中 column：主轴为纵向，默认值 row：主轴为横向 其他组件默认值为row，在list组件中默认值为column
columns	number	list交叉轴方向的显示列数，默认为1列 设置多列时，在list交叉轴上进行均分，每一列大小相同
align-items	string	list每一列交叉轴上的对齐格式 stretch：弹性元素被在交叉轴方向上被拉伸到与容器相同的高度或宽度，默认值 flex-start：元素向交叉轴起点对齐 flex-end：元素向交叉轴终点对齐 center：元素在交叉轴居中 align-items样式作用在每一列的子元素上，列与列之间采用均分方式布局
item-extent	<length> | <percentage>	设置内部item为固定大小。设置为百分比时，指相对于list的视口主轴方向长度的百分比

续表

名称	类型	描述
fade-color	<color>	设置渐隐物理动效的颜色。当组件的滑动效果为渐隐物理动效时生效。默认值为grey
scrollbar-color	<color>	设置滚动条的颜色
scrollbar-width	<length>	设置滚动条的宽度
scrollbar-offset	<length>	设置滚动条距离list默认位置的偏移量,只支持正数,默认位置在list右侧,可以通过这个偏移量调整滚动条的水平位置,如果滚动条绘制在list外部,而list父组件有裁剪,会导致滚动条被裁剪。默认值为0

3. list的事件

list除支持公有事件外,还支持表8-6中的事件。

表8-6

名称	参数	描述
indexerchange	{ local: booleanValue }	多语言索引栏切换事件,仅当indexer为true、indexermulti为true时生效。booleanValue的值可以是true或者false
		true: 当前展示本地索引
		false: 当前展示字母索引
scroll	{ scrollX: scrollXValue, scrollY: scrollYValue, scrollState: stateValue }	列表的滑动偏移量和状态回调
		stateValue为0表示列表的滑动已经停止
		stateValue为1表示列表正在用户触摸状态下滑动
		stateValue为2表示列表正在用户松手状态下滑动
scrollbottom	—	当前列表的内容已滑动到列表底部位置
scrolltop	—	当前列表的内容已滑动到列表顶部位置
scrollend	—	列表的滑动已经结束
scrolltouchup	—	手指已经抬起且列表仍在随着惯性滑动
requestitem	—	请求创建新的list-item
		长列表在延迟加载时,可视区域外缓存的list-item数量少于cachedcount时,会触发该事件
rotate[7+]	{ rotateValue: number }	返回表冠旋转角度增量值,仅智能穿戴设备支持

4. list的方法

list除支持公有方法外,还支持表8-7中的方法。

表8-7

名称	参数	描述
scrollTo	{ index: number(指定位置) }	list滑动到指定index的item所在的位置
scrollBy	ScrollParam	触发list滑动一段距离
		智慧屏特有方法
scrollTop	{ smooth: boolean }	smooth的默认值为false，表示直接跳转到顶部
		smooth为true，表示平滑滑动到顶部
scrollBottom	{ smooth: boolean }	smooth的默认值为false，表示直接跳转到底部
		smooth为true，表示平滑滑动到底部
scrollPage	{ reverse: boolean, smooth: boolean }	reverse的默认值为false，表示下一页，无下一页则滑动到底部
		reverse为true，表示上一页，无上一页则滑动到顶部
		smooth的默认值为false，表示直接跳转一页
		smooth为true，表示平滑滑动一页
scrollArrow	{ reverse: boolean, smooth: boolean }	reverse的默认值为false，表示向底部方向滑动一段距离，无足够距离则只滑动到底部
		reverse为true，表示向顶部方向滑动一段距离，无足够距离则只滑动到顶部
		smooth的默认值为false，表示直接跳转
		smooth为true，表示平滑滑动
collapseGroup	{ groupid: string }	收拢指定的group
		groupid：需要收拢的group的ID
		当groupid未指定时，将收拢所有的group
expandGroup	{ groupid: string }	展开指定的group
		groupid：需要展开的group的ID
		当groupid未指定时，将展开所有的group
currentOffset	—	返回当前滑动的偏移量。返回值类型是Object，返回值说明请见表2

5.【实战】体验list的展示效果

list示例的样式代码如下。

```
<!-- index.hml -->
<div class="container">
  <list class="todo-wrapper">
    <list-item for="{{todolist}}" class="todo-item">
      <text class="todo-title">{{$item.title}}</text>
      <text class="todo-title">{{$item.date}}</text>
```

```html
    </list-item>
  </list>
</div>
```

```js
// index.js
export default {
  data: {
    todolist: [{
      title: '刷题',
      date: '2021-12-31 10:00:00',
    }, {
      title: '看电影',
      date: '2021-12-31 20:00:00',
    }],
  },
}
```

```css
/* index.css */
.container {
  display: flex;
  justify-content: center;
  align-items: center;
  left: 0px;
  top: 0px;
  width: 454px;
  height: 454px;
}
.todo-wrapper {
  width: 454px;
  height: 300px;
}
.todo-item {
  width: 454px;
  height: 80px;
  flex-direction: column;
}
.todo-title {
  width: 454px;
  height: 40px;
  text-align: center;
}
```

list示例的展示效果如图8-3所示。

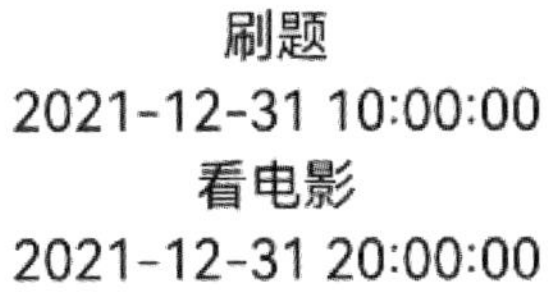

刷题
2021-12-31 10:00:00
看电影
2021-12-31 20:00:00

图8-3

8.1.3 【实战】体验stack堆叠容器

stack堆叠容器中，子组件按照顺序依次放入stack，后一个放入的子组件覆盖前一个放入的子组件。stack仅支持公有的属性、样式、事件、方法。

stack示例的样式代码如下。

```
<!-- ×××.hml -->
<stack class="stack-parent">
  <div class="back-child bd-radius"></div>
  <div class="positioned-child bd-radius"></div>
  <div class="front-child bd-radius"></div>
</stack>

/* ×××.css */
.stack-parent {
  width: 400px;
  height: 400px;
  background-color: #ffffff;
  border-width: 1px;
  border-style: solid;
}
.back-child {
  width: 300px;
  height: 300px;
  background-color: #3f56ea;
}
.front-child {
  width: 100px;
  height: 100px;
  background-color: #00bfc9;
}
.positioned-child {
```

```
  width: 100px;
  height: 100px;
  left: 50px;
  top: 50px;
  background-color: #47cc47;
}
.bd-radius {
  border-radius: 16px;
}
```

stack 示例的展示效果如图 8-4 所示。

图 8-4

8.1.4　tabs 页签容器

1. tabs 的属性

tabs 是页签容器。可以使用 taba 做出类似微信的效果。在 tabs 中，最多可以使用一个 tab-bar 和一个 tab-content。tabs 除支持公有属性外，还支持表 8-8 之中的属性。tabs 只支持公有样式。

表 8-8

名称	类型	描述
index	number	当前处于激活态的 tabs 的索引，默认值为 0
vertical	boolean	是否为纵向的 tab
		false：tab-bar 和 tab-content 上下排列，默认值
		true：tab-bar 和 tab-content 左右排列

2.【实战】体验 tabs 的展示效果

tabs 示例的样式代码如下。

```
<!-- ×××.hml -->
<div class="container">
```

```html
    <tabs class = "tabs" index="0" vertical="false" onchange="change">
      <tab-bar class="tab-bar" mode="fixed">
        <text class="tab-text">Home</text>
        <text class="tab-text">Index</text>
        <text class="tab-text">Detail</text>
      </tab-bar>
      <tab-content class="tabcontent" scrollable="true">
        <div class="item-content" >
          <text class="item-title">First screen</text>
        </div>
        <div class="item-content" >
          <text class="item-title">Second screen</text>
        </div>
        <div class="item-content" >
          <text class="item-title">Third screen</text>
        </div>
      </tab-content>
    </tabs>
</div>
```
```css
/* ×××.css */
.container {
  flex-direction: column;
  justify-content: flex-start;
  align-items: center;
}
.tabs {
  width: 100%;
}
.tabcontent {
  width: 100%;
  height: 80%;
  justify-content: center;
}
.item-content {
  height: 100%;
  justify-content: center;
}
.item-title {
  font-size: 60px;
}
```

```css
.tab-bar {
  margin: 10px;
  height: 60px;
  border-color: #007dff;
  border-width: 1px;
}
.tab-text {
  width: 300px;
  text-align: center;
}
```

```js
// ×××.js
export default {
  change: function(e) {
    console.log("Tab index: " + e.index);
  },
}
```

tabs示例的展示效果如图8-5所示。

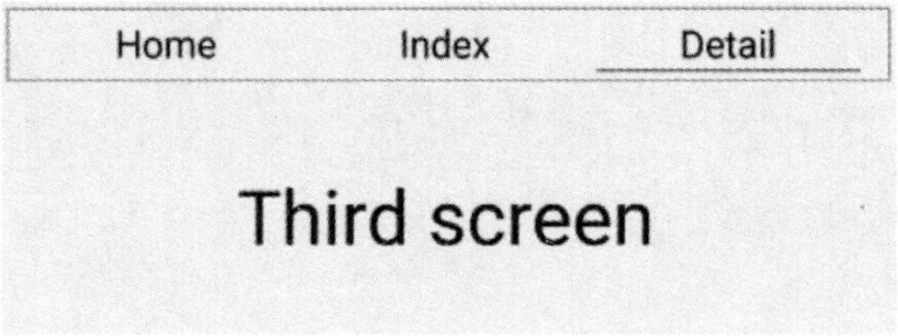

图8-5

8.1.5 swiper滑动容器

1. swiper的属性

swiper是滑动容器，可以提供切换子组件的功能。swiper除支持公有属性外，还支持表8-9之中的属性。

表8-9

名称	类型	描述
index	number	当前在容器中显示的子组件的索引值，默认值为0
autoplay	boolean	子组件是否自动播放，自动播放状态下，导航点不可操作，默认值为false
interval	number	使用自动播放时播放的时间间隔，单位为ms，默认值为3000
indicator	boolean	是否启用导航点指示器，默认值为true

续表

名称	类型	描述
digital	boolean	是否启用数字导航点,默认值为false。必须设置indicator为true时才能生效
indicatormask	boolean	是否启用指示器蒙版,设置为true时,指示器会有渐变蒙版出现,默认值为false。该属性在手机上不生效
indicatordisabled	boolean	指示器是否禁止响应用户的手势操作,设置为true时,指示器不会响应用户的单击、拖曳等操作,默认值为false
loop	boolean	是否开启循环滑动功能,默认值为true
duration	number	子组件切换时的动画时长
vertical	boolean	是否为纵向滑动,纵向滑动时采用纵向的指示器,默认值为false
cachedsize	number	swiper延迟加载时item的最少缓存数量。-1表示全部缓存。默认值为-1
scrolleffect	string	滑动效果 spring:弹性物理动效,组件滑动到边缘后可以根据初始速度或通过触摸事件继续滑动一段距离,松手后回弹。默认值 fade:渐隐物理动效,组件滑动到边缘后展示波浪形的渐隐动效,根据速度和滑动距离的变化,渐隐动效也会有一定的变化 none:组件滑动到边缘后无效果 该属性仅在loop属性为false时生效。
displaymode	string	设置当swiper容器在主轴上的尺寸(水平滑动时为宽度,纵向滑动时为高度)大于子组件的尺寸时,子组件在swiper里的呈现方式 stretch:拉伸子组件在主轴上的尺寸至与swiper容器一样大。默认值 autoLinear:保持子组件本身大小,线性排列在swiper容器里

2. swiper的样式

滑动容器swiper除支持公有样式之外,还支持表8-10中的样式。

表8-10

名称	类型	描述
indicator-color	\<color\>	导航点指示器的填充颜色
indicator-selected-color	\<color\>	导航点指示器选中的颜色。手机上的默认值为#ff007dff、智慧屏上的默认值为#ffffffff、智能穿戴设备上的默认值为#ffffffff
indicator-size	\<length\>	导航点指示器的直径大小。默认值为4px
indicator-top|left|right|bottom	\<length\> | \<percentage\>	导航点指示器在swiper中的相对位置

续表

名称	类型	描述
next-margin	<length> | <percentage>	后边距，用于露出后一项的一小部分
previous-margin	<length> | <percentage>	前边距，用于露出前一项的一小部分

3. swiper的事件

滑动容器swiper除支持公有事件外，还支持表8-11中的事件。

表8-11

名称	参数	描述
change	{ index: currentIndex }	当前显示组件的索引变化时触发该事件
rotation	{ value: rotationValue }	智能穿戴设备的表冠旋转时触发该事件
animationfinish	—	动画结束时将触发该事件

4. swiper的方法

swiper除支持公有方法外，还支持表8-12中的方法。

表8-12

名称	参数	描述
swipeTo	{ index: number(指定位置) }	切换为index所对应的子组件
showNext	—	显示下一个子组件
showPrevious	—	显示上一个子组件

5.【实战】体验swiper的展示效果

swiper示例的样式代码如下。

```
<!-- ×××.hml -->
<div class="container">
  <swiper class="swiper" id="swiper" index="0" indicator="true" loop="true" digital="false" cachedsize="-1"
    scrolleffect="spring">
    <div class = "swiperContent1" >
      <text class = "text">First screen</text>
    </div>
    <div class = "swiperContent2">
      <text class = "text">Second screen</text>
    </div>
    <div class = "swiperContent3">
```

```html
      <text class = "text">Third screen</text>
    </div>
  </swiper>
  <input class="button" type="button" value="swipeTo" onclick="swipeTo"></input>
  <input class="button" type="button" value="showNext" onclick="showNext"></input>
  <input class="button" type="button" value="showPrevious" onclick="showPrevious"></input>
</div>
```

```css
/* ×××.css */
.container {
  flex-direction: column;
  width: 100%;
  height: 100%;
  align-items: center;
}
.swiper {
  flex-direction: column;
  align-content: center;
  align-items: center;
  width: 70%;
  height: 130px;
  border: 1px solid #000000;
  indicator-color: #cf2411;
  indicator-size: 14px;
  indicator-bottom: 20px;
  indicator-right: 30px;
  margin-top: 100px;
  next-margin:20px;
  previous-margin:20px;
}
.swiperContent1{
  height: 100%;
  justify-content: center;
  background-color: #007dff;
}
.swiperContent2{
  height: 100%;
  justify-content: center;
```

```css
  background-color: #ff7500;
}
.swiperContent3{
  height: 100%;
  justify-content: center;
  background-color: #41ba41;
}
.button {
  width: 70%;
  margin: 10px;
}
.text {
  font-size: 40px;
}
```

```js
// ×××.js
export default {
  swipeTo() {
    this.$element('swiper').swipeTo({index: 2});
  },
  showNext() {
    this.$element('swiper').showNext();
  },
  showPrevious() {
    this.$element('swiper').showPrevious();
  }
}
```

swiper示例的展示效果如图8-6和图8-7所示。

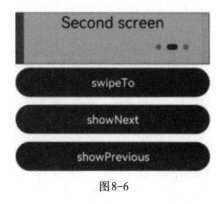

图8-6

图8-7

8.2 【实战】使用ArkUI框架进行仿微信页面练习

8.2.1 实战目标

编写微信页面上的4个页签。

8.2.2 使用HML显式编写页面

在 src→main→js→default→pages→index 文件夹下修改 index.html 文件，代码如下。

```html
<div class="container">
    <text class="title">
        {{ $t('strings.title') }}
    </text>

    <tabs class = "tabs" index="0" vertical="false" onchange="change">
        <tab-content class="tabcontent" scrollable="true">
            <div class="item-message">
                <list class="todo-wrapper">
                    <list-item class="todo-title" for="{{todolist}}" class="todo-item">
                        <text class="todo-message">{{$item.title}}</text>
                        <text class="todo-time">{{$item.date}}</text>
                    </list-item>
                </list>
            </div>
            <div class="item-content" >
                <text class="item-title">通讯录的详情</text>
            </div>
            <div class="item-content" >
                <text class="item-title">发现的详情</text>
            </div>
            <div class="item-content" >
                <text class="item-title">我的详情</text>
            </div>
        </tab-content>
        <tab-bar class="tab-bar" mode="fixed">
            <text class="tab-text">微信</text>
            <text class="tab-text">通讯录</text>
            <text class="tab-text">发现</text>
            <text class="tab-text">我</text>
```

```
            </tab-bar>
    </tabs>
</div>
```

8.2.3 使用CSS编写页面样式

在src→main→js→default→pages→index文件夹下修改index.css文件,代码如下。

```
.container {
    flex-direction: column;
    justify-content: flex-start;
    align-items: center;
}
.todo-wrapper {
    width: 454px;
    height: 300px;
}
.todo-item {
    width: 454px;
    height: 80px;
    flex-direction: column;
}
.todo-title {
    width: 454px;
    height: 40px;
    text-align: left;
    border-color: #007dff;
    border-width: 1px;
    font-size: 20px;
}

.todo-message {
    width: 260px;
    height: 40px;
    text-align: left;
}
.todo-time {
    text-align:center;
}

.tabs {
    width: 100%;
```

```css
}
.tabcontent {
    width: 100%;
    height: 80%;
    justify-content: center;
}
.item-content {
    height: 100%;
    justify-content: center;
}
.item-message {
    height: 100%;
    justify-content: flex-start;
    border-color: #007dff;
    border-width: 1px;
}
.item-title {
    font-size: 30px;
    justify-content: center;
}
.tab-bar {
    margin: 10px;
    height: 60px;
}
.tab-text {
    width: 300px;
    font-size: 20px;
    text-align: center;
}
```

8.2.4　使用JavaScript编写页面脚本

在src→main→js→default→pages→index文件夹下修改index.js文件，代码如下。

```javascript
export default {
    data: {
    todolist: [{
            title: '信息1',
            date: '10:00:00',
        }, {
            title: '信息2',
            date: '20:00:00',
```

```
        }, {
            title: '信息3',
            date: '20:00:00',
        }],
    }
}
```

8.2.5 改写资源文件

在 src→main→js→default→i18n 文件夹下修改 zh-CN.json 文件，代码如下。

```
{
    "strings": {
        "hello": "您好",
        "world": "世界",
        "title": "仿微信"
    }
}
```

8.2.6 展示效果

运行程序，页面如图 8-8 所示。

单击"我"，页面如图 8-9 所示。

图 8-8

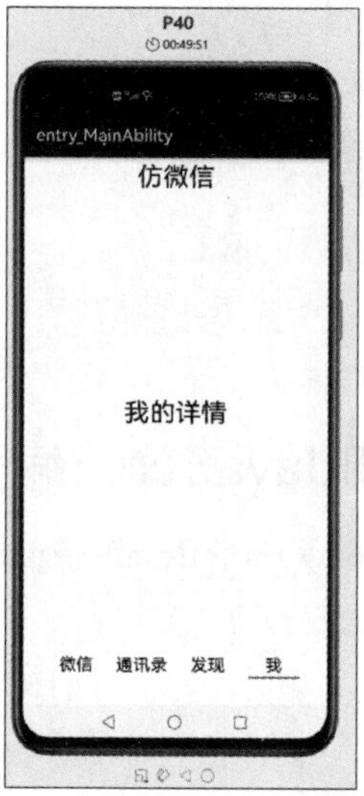

图 8-9

8.2.7 项目结构

项目结构如图 8-10 所示。

第8章 ArkUI框架的布局

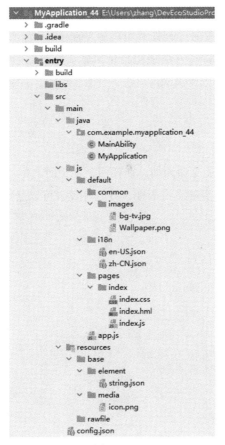

图8-10

8.3 ArkUI框架的生命周期

8.3.1 页面的生命周期

与Java UI框架中的Page一样，页面也存在从初始化到销毁的生命周期，页面的生命周期回调方法如下。

- onInit()：页面初始化完成时调用。
- onReady()：页面创建完成时调用。
- onShow()：页面显示时调用。
- onHide()：页面隐藏时调用。
- onDestroy()：页面销毁时调用。

- onBackPress()：当用户单击系统的返回键时调用。

当应用从页面 A 跳转到页面 B 时，首先调用页面 A 的 onDestroy() 方法。页面 A 销毁后，依次调用页面 B 的 onInit()、onReady()、onShow() 方法来初始化和显示页面 B。可见在一个完整的页面生命周期中，这些生命周期回调方法都会至少被调用一次，并且 onInit()、onReady() 和 onDestroy() 仅能够被调用一次。

8.3.2 应用的生命周期

应用的生命周期指整个 App 的生命周期。在任何一个页面之中，都可以通过"this.$app"获取当前的应用对象。应用对象拥有自身的生命周期，并且开发者可以通过应用对象调用 JavaScript 的全局变量。应用的生命周期回调方法如下。

- onCreate()：创建应用时调用。
- onDestory()：销毁应用时调用。

应用与页面的整体生命周期如图 8-11 所示。

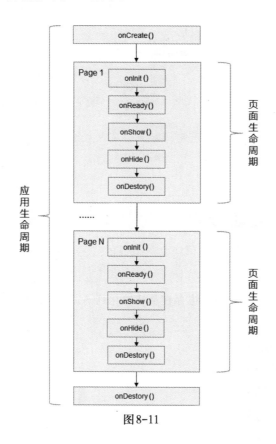

图 8-11

8.4 【实战】体验 ArkUI 框架的跨 JavaScript 调用

JavaScriptUI 的跨 JavaScript 调用只需要使用 import 关键字即可实现,示例代码如下。

index.hml 代码如下。

```
<text class="title">
    Hello {{ name }}
</text>
```

index.css 代码如下。

```
.container {
    flex-direction: column;
    justify-content: center;
    align-items: center;
    background-color: #F1F3F5;
}
```

index.js 代码如下。

```
// @ts-nocheck
import admin from '../utils/admin.js';//导入模块
export default {
    data: {
        name: ''
    },
    onInit(){
        this.name = admin.getUsername();
    },
}
```

通过 import 关键字导入 admin.js 之后即可获取到 name 的值,src → main → js → default → pages → utils → admin.js 中的示例代码如下。

```
export default {
    getUsername(){
        return "张方兴";
    }
}
```

最终展示效果如图 8-12 所示。

项目结构如图 8-13 所示。

图 8-12

图 8-13

8.5 课后习题

（1）常用的 ArkUI 框架的布局有哪些？

（2）页面的生命周期与应用的生命周期有何关系？

（3）布局的属性、样式、事件、方法应该如何编写？它们各自应该写到哪个文件中？